Transformation im Bauwesen

Die Reihe „Transformation im Bauwesen", beleuchtet innovative Themen, Ansätze und Entwicklungen, die sich aus den Besonderheiten des Bausektors ergeben. Die Reihe zeigt dabei Chancen, Herausforderungen sowie Möglichkeiten der Umsetzung in der Praxis auf damit ein nachhaltiger Wandel im Bauwesen gelingen kann.

Sandra Ibrom

Ganzheitliche Projektabwicklung

Konsequent partnerschaftlich – integrativ – kollaborativ

2. Auflage

Sandra Ibrom
Baurecht und Betriebswirtschaft
Munich University of Applied Sciences
München, Deutschland

ISSN 3005-1010 ISSN 3005-1029 (electronic)
Transformation im Bauwesen
ISBN 978-3-658-45988-8 ISBN 978-3-658-45989-5 (eBook)
https://doi.org/10.1007/978-3-658-45989-5

Die Deutsche Nationalbibliothek verzeichnet diese Publikation in der Deutschen Nationalbibliografie; detaillierte bibliografische Daten sind im Internet über https://portal.dnb.de abrufbar.

© Der/die Herausgeber bzw. der/die Autor(en), exklusiv lizenziert an Springer Fachmedien Wiesbaden GmbH, ein Teil von Springer Nature 2022, 2025

Das Werk einschließlich aller seiner Teile ist urheberrechtlich geschützt. Jede Verwertung, die nicht ausdrücklich vom Urheberrechtsgesetz zugelassen ist, bedarf der vorherigen Zustimmung des Verlags. Das gilt insbesondere für Vervielfältigungen, Bearbeitungen, Übersetzungen, Mikroverfilmungen und die Einspeicherung und Verarbeitung in elektronischen Systemen.
Die Wiedergabe von allgemein beschreibenden Bezeichnungen, Marken, Unternehmensnamen etc. in diesem Werk bedeutet nicht, dass diese frei durch jede Person benutzt werden dürfen. Die Berechtigung zur Benutzung unterliegt, auch ohne gesonderten Hinweis hierzu, den Regeln des Markenrechts. Die Rechte des/der jeweiligen Zeicheninhaber*in sind zu beachten.
Der Verlag, die Autor*innen und die Herausgeber*innen gehen davon aus, dass die Angaben und Informationen in diesem Werk zum Zeitpunkt der Veröffentlichung vollständig und korrekt sind. Weder der Verlag noch die Autor*innen oder die Herausgeber*innen übernehmen, ausdrücklich oder implizit, Gewähr für den Inhalt des Werkes, etwaige Fehler oder Äußerungen. Der Verlag bleibt im Hinblick auf geografische Zuordnungen und Gebietsbezeichnungen in veröffentlichten Karten und Institutionsadressen neutral.

Springer Vieweg ist ein Imprint der eingetragenen Gesellschaft Springer Fachmedien Wiesbaden GmbH und ist ein Teil von Springer Nature.
Die Anschrift der Gesellschaft ist: Abraham-Lincoln-Str. 46, 65189 Wiesbaden, Germany

Wenn Sie dieses Produkt entsorgen, geben Sie das Papier bitte zum Recycling.

Inhaltsverzeichnis

1 Projektabwicklung am Limit 1
   1.1   Die Hauptursachen für das Versagen der herkömmlichen
        Projektabwicklung 4
   1.2   Unklare bzw. unrealistische Projektziele 4
   1.3   Fragmentierte Organisation statt Einbeziehung 6
   1.4   Preiskampf und Qualitätsverlust aufgrund von
        Leistungsverträgen im Bauwesen 7
   1.5   Unrealistische Terminvorgaben 9
   1.6   Fehlende Kommunikation auf Augenhöhe 9
   1.7   Angst und destruktive Verhandlungen 10
   1.8   Ungenügendes Fehler-, Risiko- und Konfliktmanagement 11
   1.9   Unfaires Informationsmanagement 13
   1.10 Keine (gute) Führung der Projektpartner 14
   Literatur 16

2 Projektabwicklung in Bewegung 17
   2.1   Veränderungsdruck 18
   2.2   Partnerschaftliche Ansätze 19
        2.2.1   Merkmale partnerschaftlicher Projektabwicklung 20
        2.2.2   IPA und Mehrparteienverträge 20
        2.2.3   Bewertung IPA und Mehrparteienvertrag 25
   2.3   Der Weg zu einer konsequent integrativen, kollaborativen
        und partnerschaftlichen Projektabwicklung 28
        2.3.1   Werteorientierte Führung 28
        2.3.2   Nachhaltige Wertschöpfung 29

	2.3.3	Faire und klare Vertragsgestaltung	29
	2.3.4	Integrative und kooperative Verhandlungs- und Entscheidungsprozesse	29
	2.3.5	Projektinterne Mediatoren von Anfang an	30
	2.3.6	Transparentes Echtzeitinformationsmanagement	30
Literatur			31

3 Denken, Führen und Kommunizieren 33
   3.1 Denken ist meist unterbewusst 34
   3.2 Soziale Verbundenheit als Schlüssel 36
   3.3 Angst verstehen und gut damit umgehen lernen 38
       3.3.1 Funktionen der Angst 39
       3.3.2 Körperliche Reaktionen 40
       3.3.3 Kultur der Angst 40
       3.3.4 Lernprozesse 41
   3.4 Umgang mit Emotionen und Stress 42
       3.4.1 Emotionen regulieren 42
       3.4.2 Der Umgang mit Stress 43
       3.4.3 Empathie durch gewaltfreie Kommunikation 45
   3.5 Die Zusammenarbeit neu gestalten – Konsequent integrativ, kollaborativ und partnerschaftlich 46
       3.5.1 Risiken aus den personen- und prozessbezogenen Bereichen 47
       3.5.2 Kollaborative Zusammenarbeit 48
       3.5.3 Psychologische Sicherheit und Mindfulness 50
       3.5.4 Transformation der Projektabwicklung in ein wertschätzendes Ökosystem 51
   Literatur 52

4 Wertschöpfung durch ganzheitlich transformierte Projektabwicklung 55
   4.1 Werte tragen zu Wertschöpfung und Qualität bei 57
   4.2 Wie führen Werte zu einer Wertschöpfung? 59
   4.3 Nachhaltige Wertschöpfung in den Prozessen der Projektabwicklung 60
   Literatur 64

5 Die Schlüsselrolle der Mediation 65
   5.1 Mediation ist der Weg des Verstehens 65
   5.2 Erfolgreiche Projektabwicklung erfordert mediative Führung 66

5.3	Die Bedeutung der Mediation in Projekten		68
	5.3.1	Das Werkzeug der Mediation	68
	5.3.2	Was ist Deal-Mediation bzw. Verhandlungsmediation?	71
	5.3.3	Projektinterne Mediatoren	74
Literatur			75

6 Das Konzept der Ganzheitlichen Projektabwicklung – Die acht Kernelemente 77

6.1	Ganzheitliche Planungs- und Bauprozesse		79
	6.1.1	Ganzheitliche Projektführung	80
	6.1.2	Die Prinzipien ganzheitlicher Führung im Einzelnen	82
	6.1.3	Mediative Einbeziehung aller wesentlichen Interessen	89
	6.1.4	Dynamische Phasen ganzheitlicher Planungs- und Bauabwicklung	90
6.2	Lebendige und konstruktive Kommunikation		92
	6.2.1	Was ist Kommunikation?	92
	6.2.2	Warum ist Kommunikation in Projekten oft angstbesetzt?	94
	6.2.3	Exkurs: Die wichtigsten unbewussten störenden Denkrahmen – Vielleicht erkennen Sie sich wieder?	96
	6.2.4	Durchgängig konstruktive Kommunikation	103
	6.2.5	Mediativ unterstützte Kommunikation als Lernprozess	104
	6.2.6	Positiver Humor für Lernprozesse und lebendige Kommunikation	105
6.3	Kurze, faire und lebendige Verträge		106
	6.3.1	Rechtlicher Rahmen für die Projektabwicklung in Deutschland	106
	6.3.2	Architekten- und Ingenieurverträge	108
	6.3.3	Die VOB/B ist ungeeignet für partnerschaftliche Zusammenarbeit	112
	6.3.4	Die Rechtsbeziehungen zwischen allen Projektpartnern	115
	6.3.5	Die Lösung: Kurze, faire und verhandlungsfreundliche Verträge – agil und mitwachsend!	117
6.4	Vertrauensvolle und wertschöpfende Zusammenarbeit		127
	6.4.1	Mehr als Lean	128
	6.4.2	Lean Methoden für die erfolgreiche Kollaboration	130
	6.4.3	Das System des letzten Planers	132
	6.4.4	Taktplanung	133

6.4.5 Umsetzung der Lean Methoden 133
6.4.6 Projektabwicklung als (Wert-)Schöpfungsprozess – Fehler sind notwendig 134
6.4.7 Die Bedeutung der mediativen Begleitung für die Kollaboration 135
6.5 Integrative Verhandlungen und verantwortliche Entscheidungen 135
6.5.1 Der Harvard Verhandlungsansatz 137
6.5.2 Weshalb das Integrieren der Partner für das interessengerechte Verhandeln so wichtig ist 138
6.5.3 Die Weiterentwicklung des Vertrages durch Verhandlungen 139
6.5.4 Warum bedürfen integrative Verhandlungen mediativer Unterstützung? 140
6.5.5 Der Ablauf integrativer interessengerechter Verhandlungen 141
6.6 Kooperatives Risiko-, Fehler- und Konfliktmanagement 145
6.6.1 Kooperatives Risikomanagement 145
6.6.2 Fehlermanagement in der ganzheitlichen Projektabwicklung 150
6.6.3 Kooperatives Konfliktmanagement 151
6.7 Transparentes und verantwortliches Informationswesen 156
6.7.1 Information ist nur ein Teil der Kommunikation 158
6.7.2 Ganzheitliches Informationsmanagement 160
6.7.3 Verantwortliches und lebendiges Informationsmanagement als Führungsaufgabe 163
6.8 Gemeinsamer Lern- und Entwicklungsprozess 164
6.8.1 Gemeinsam Lernen macht Spaß und trainiert kollaborative Zusammenarbeit 166
6.8.2 Die Rolle der Gesamt- Projektführung in den Lernprozessen 166
6.8.3 Der mediative Schlüssel zum Lernerfolg 167
6.9 Zusammenfassung Konzept der Ganzheitlichen Projektabwicklung 168
Literatur 168

7 Die Etablierung des Konzepts der Ganzheitlichen Projektabwicklung und ihre Vorteile 171
7.1 Wie wird aus den acht Kernelementen eine Ganzheitliche Projektabwicklung? 174

7.2	Der Transformationsprozess	174
	7.2.1 Alles beginnt mit dem Bauherrn	175
	7.2.2 Der Weg der Transformation	175
7.3	Die Einführung neuer Rollen und Verantwortlichkeiten	177
	7.3.1 Die Rolle der Gesamt-Projektführung	177
	7.3.2 Die Rolle der projektinternen Mediatoren	178
7.4	Widerstand gegen die Veränderung	179
	7.4.1 Wie kann zum Mitmachen motiviert werden?	179
	7.4.2 Bewusstmachung der Wohlfühlveränderung	180
	7.4.3 Einladung zur persönlichen Weiterentwicklung	181
7.5	Vorteile der Ganzheitlichen Projektabwicklung für Bauherren	182
7.6	Vorteile der ganzheitlichen Projektabwicklung für Auftragnehmer	183
Literatur		186

Über die Autorin

Prof. Dr. Sandra Ibrom ist promovierte Juristin und war etwa 20 Jahre lang als Rechtsanwältin und Mediatorin tätig bevor sie zur Professorin für Baurecht und Betriebswirtschaft von der Hochschule München berufen wurde. Schwerpunkt ihrer Forschung ist die Rolle der Mediation in Entscheidungs- und Verhandlungsprozessen. Als Wirtschaftsmediatorin, Prozessberaterin für Ganzheitliche Projektabwicklung, Verhandlungsmediatorin, Verhandlerin und Konfliktcoach steht sie mit ihrer Expertise gerne allen Akteuren in der Bau- und Immobilienbranche zur Seite, die Unterstützung bei der Verhandlung optimaler Verträge, kooperativer Konfliktbearbeitung oder bei der Etablierung des Konzepts der Ganzheitlichen Projektabwicklung suchen. Sie freut sich außerdem über Anregungen und Austausch zum Thema Ganzheitliche Projektabwicklung und ist unter sandra.ibrom@gmx.de zu erreichen.

Projektabwicklung am Limit

Es bedarf einer grundlegend neuen Form der Projektabwicklung – damit Planen und Bauen (wieder) Freude macht!

Zusammenfassung

Bauprojekte entstehen heute in einer immer unsicherer werdenden - BANI -Welt. Die herkömmliche Projektabwicklung versagt in dieser komplexen Welt als Steuerungs- und Organisationsinstrument für die beabsichtigte Wertschöpfung. Die Prozesse der konventionellen Projektabwicklung wie wir sie seit 50 Jahren kennen, werden weder den wirtschaftlichen noch den ökologischen oder sozialen Anforderungen unserer Zeit gerecht. Oft entstehen massive Konflikte, enorme Kostensteigerungen, begleitet von dramatischen Qualitätsverlusten. Die einzelnen Ursachen für das Versagen der herkömmlichen Projektabwicklung werden in diesem Kapitel näher untersucht.

Die Kultur der konventionellen Projektabwicklung ist über die Jahre zur Unkultur verkommen, viele im Rahmen meiner Forschung befragten Experten sprechen von einer kriegerischen Umgangsweise unter den Projektpartnern. Darüber hinaus ist kein Projektbeteiligter mehr in der Lage, seine Risiken und Chancen rational einzuschätzen und zuverlässig zu kalkulieren. Das Bauwesen verkörpert geradezu exemplarisch die sogenannte **BANI- Welt**. Dieses Akronym steht für

- **Brüchigkeit**
- **Angst**

- **Non-Linearität**
- **Unbegreiflichkeit** (eng. incomprehensible)

Unsere Welt ist fragil geworden. Im Bauwesen herrscht enorme Brüchigkeit: konjunkturbedingt brechen Aufträge riesigen Ausmaßes weg. Krisen wie Corona, Kriege oder Materialengpässe führten zu dramatisch veränderten Marktkonditionen, die in unvorhersehbarer Art und Weise in Kalkulationsgrundlagen und Risikoverteilungen der Projektbeteiligten eingreifen. Weitere neue geopolitische Entwicklungen werden den Markt beeinflussen. Auch neue Verordnungen und Gesetze wie das Gebäudeenergiegesetz, Lieferkettensorgfaltspflichtengesetz, Gesetze zum Gebäudetyp E etc. verändern die Rahmenbedingungen des Planen und Bauens und erfordern immer neue Lösungen und bergen teils ungeahnte Haftungsrisiken. Einerseits geht es um bessere Qualität zu angemessenen Preisen und andererseits werden Qualitätsstandards nach unten geschraubt, um vermeintlich Kosten zu sparen. Wie soll nun geplant, gebaut und gelebt werden? Welche Risiken sind mit den einzelnen neuen Anforderungen verbunden? Antworten auf diese Fragen übersteigen häufig die Kompetenz der einzelnen Beteiligten. Diese sehen sich oft überfordert und in höchstem Maß verunsichert. Darüber hinaus werden Bauprojekte auf Eis gelegt, weil aktuell Finanzierungsschwierigkeiten bestehen. Wohin geht der Trend? Werden es Umbauten sein? Die Vorhersehbarkeit eines linearen und damit ökonomisch verlässlichen strategischen Weges ist nicht mehr gegeben. Dies ist genau die Unbegreiflichkeit, die von dem Akronym BANI erfasst ist. All dies beeinflusst die Wirtschaftlickeit des Planen uns Bauens und damit auch die Art und Weise der Risikoverteilung und der Projektabwicklung.

Die vielen und teils komplexen Einflussfaktoren, Krisen und politische Taktiken lassen kaum noch valide Einschätzungen zu den Rahmenbedingungen eines Bauprojekts zu. Das macht Angst. Zwar gehören Risiken zu jedem Geschäft, nun aber sind sie schier nicht mehr einschätzbar. In dieser Unsicherheit werden Projektbeteiligte schnell zu Gegnern, sie misstrauen sich gegenseitig, jeder möchte das Risiko möglichst beim anderen sehen und ist sich selbst der Nächste. Die im Planen und Bauen rechtlich vorgeschriebene Kooperationspflicht wird dabei vernachlässigt, obwohl Kooperation der einzige Weg ist, die Herausforderungen unserer Zeit zu meistern.

Herkömmliche Bauverträge sind oft die Aufforderung zum Streit. Sofort nach Abschluss des Bauvertrages kämpfen die Parteien meist darum, Risiken auf die jeweils andere Seite abzuwälzen. Es hagelt ab Tag eins Behinderungs- und Bedenkenanzeigen.

1 Projektabwicklung am Limit

Interessenkonflikte unterschiedlicher Projektbeteiligten sind grundsätzlich normal und oft auch im Wege einer partnerschaftlichen und konstruktiven Herangehensweise lösbar. Die Kultur der herkömmlichen Projektabwicklung ist aber nicht partnerschaftlich, sondern konfrontativ. Dadurch werden aus Sachthemen oder aus Problemen schnell massive und eskalierende Konflikte. Diese führen neben Qualitäts- und Zeitverlusten auch zu teils sehr hohen Konfliktkosten.[1] Diese täglich vorhandenen Konflikte verursachen bei den Projektbeteiligten Dauerstress, unüberlegte Entscheidungen, wirtschaftliche Schäden wie auch Schäden in Bezug auf die zur Verfügung stehenden Ressourcen bis hin zu Dauerstress bedingten gesundheitlichen Problemen bei den Projektbeteiligten.

Die ungelösten und brodelnden Konflikte führen zu enormen Baukostensteigerungen, Fristüberschreitungen sowie Qualitätsverlusten. Sie sind Symptome einer dysfunktionalen und destruktiven Vorgehensweise der herkömmlichen Projektabwicklung: die Rahmenbedingungen der herkömmlichen Projektabwicklung lassen auf vielfältige Weise Nachteile entstehen und tragen damit nicht dazu bei, dass Projekte menschlich angemessen oder gar wirtschaftlich erfolgreich abgewickelt werden.

Aufgrund der Konfliktgeneigtheit der herkömmlichen Projektabwicklung bestehen zudem erhebliche Nachwuchsprobleme. Menschen möchten einen sinnvollen Beitrag leisten. Dies ist im Rahmen der herkömmlichen Projektentwicklung aktuell nur sehr eingeschränkt möglich. Megathemen wie nachhaltige Entwicklung und Digitalisierung benötigen einen konstruktiven Arbeitsrahmen, um ihre Wirkungen zu entfalten.

Die konventionelle Projektabwicklung befindet sich am Limit und bedarf der grundlegenden und lebendigen Transformation. Ein einzelner oder isolierter Change-Prozess, der nur bestimmte Aspekte betrachtet, reicht nicht mehr zur Verbesserung der Marktbedingungen aus.

Es ist vielmehr ein dauerhafter und nachhaltiger Transformations- und Lernprozess erforderlich, um aus der negativen BANI-Welt des Bauens wieder ein Marktumfeld mit tragfähigem wirtschaftlichen Potenzial zu gestalten, bei dem für alle Beteiligten ein fairer und nachhaltiger wirtschaftlicher Erfolg möglich ist.

Wie das genau geht, wird in Kap. 6 ausführlich erläutert. Wer sich für detaillierte Hintergrundinformationen zum Status Quo interessiert, liest hier weiter.

---

[1] Jelitte, Innovative Ansätze: BIM, Lean Construction, Partnering, in Sindermann/Sonntag (Hrsg.): Anti-Claim-Management, Baubetrieblich und baurechtlich optimierte Projektrealisierung, 2020, S. 120–137.

1.1 Die Hauptursachen für das Versagen der herkömmlichen Projektabwicklung

Unter Projektabwicklung wird grundsätzlich „die Durchführung aller Aufgaben, die im Projektverlauf anfallen und zum Projekterfolg beitragen können" verstanden. Projektabwicklung betrifft also alle Aufgaben der Planung und Baudurchführung.[2]

Die Hauptursachen für das Versagen der herkömmlichen Projektabwicklung sind

- Unklare bzw. unrealistische Projektziele
- Fragmentierte Organisation statt Einbeziehung
- Preiskampf und Qualitätsverlust aufgrund von Leistungsverträgen
- Unrealistische Terminvorgaben
- Fehlende Kommunikation auf Augenhöhe
- Angst und destruktive Verhandlungen
- Ungenügendes Fehler-, Risiko- und Konfliktmanagement
- Unfaires Informationsmanagement
- Keine (gute) Führung der Projektpartner

1.2 Unklare bzw. unrealistische Projektziele

Bauherren haben oft nur eine grobe Vorstellung vom Projektziel und ihrem Budget, wenn sie ein Bauprojekt beginnen. Dennoch werden sie von der althergebrachten Form der Projektabwicklung und den Marktmechanismen nahezu gezwungen, bereits in diesem unklaren Stadium verbindliche Verträge mit Auftragnehmern zu schließen. Fragen nach dem Sinn und Zweck des Bauwerks, seiner künftigen Nutzung, der erforderlichen Qualität -auch im Hinblick auf Nachhaltigkeitsaspekte – werden in der herkömmlichen Projektabwicklung oft erst mit fortschreitender Zeit und nicht bereits zu Beginn des Projekts gestellt. Dadurch bleibt das Projektziel lange Zeit unklar. Dies trägt automatisch sehr stark zur Unsicherheit bei.

---

[2] Hagsheno/Budau/Lippl; Ursachen für die zurückhaltende Anwendung alternativer Projektabwicklungsmodelle in der deutschen Bauwirtschaft, 2019, S. 129.

1.2 Unklare bzw. unrealistische Projektziele

Eine umfassende und strukturierte Bedarfsanalyse -etwa nach der DIN 18205- wird nur selten in Auftrag gegeben, um vermeintlich Kosten zu sparen. Dadurch wird aber das Projektziel ungenau. Sind Planungsziele unklar werden Umplanungen notwendig und steigern nicht nur die Kosten, sondern auch Zeit- und Qualitätsaspekte geraten ins Wanken. Genau betrachtet wären Verträge, die noch nicht einmal die wesentlichen Bestandteile eines Geschäfts beinhalten rechtlich unwirksam, denn die sog. essentialia negotii fehlen. Ein Vertrag kommt juristisch wirksam nur zustande, wenn der Vertragsgegenstand klar ist. Dieses Dilemma wird häufig in der Praxis der herkömmlichen Projektabwicklung überspielt, indem Verträge einfach irgendeinen Vertragsgegenstand haben (Blindpositionen) und nach und nach – oft erst durch Nachträge – konkretisiert werden. Wenn der Leistungsgegenstand aber unklar ist, beginnt bereits mit Abschluss eines solchen Vertrages der Kampf darum, möglichst alle Risiken hinsichtlich Zeit, Kosten und Qualität der jeweils anderen Seite zuzuschieben.

Damit sind meist auch bereits Konflikte vorprogrammiert und zwar als fester Bestandteil der Nachtragsverhandlungen.

Ein Projekt, das mit unbekanntem Ziel aber klarem Kostenobergrenzen startet, ist von vornherein preisgetrieben. Dies geht häufig zu Lasten der Qualität, denn ein fehlerhafter Start wirkt sich auf alle folgenden Projektphasen aus.

Juristisches Nachtragsmanagement (Claim Management) ist aktuell die „Waffe" der Auftragnehmer gegen Auftraggeber, die sich zu Beginn des Projekts zu wenig Gedanken gemacht haben, aber unbedingt einen günstigen Preis fixieren wollten. Die einklagbaren Nachträge bewegen sich seit Jahrzehnten beständig zwischen 20 und 30 % der ursprünglichen Auftragssumme und zwar in über 80 % der Bauprojekte. Die Auftraggeberseite hat daher nach Anti-Nachtragsmanagement-Methoden gesucht und partnerschaftliche Projektabwicklungsmethoden als mögliche Lösung identifiziert.[3]

Einerseits klingt es absurd, wenn Partnerschaftlichkeit als Taktik eingesetzt werden soll, denn das kann nicht funktionieren. Ist andererseits die Partnerschaft aber von Auftraggeberseite doch mit allen Konsequenzen ernst gemeint, dann liegt hierin eine echte Chance zur Verbesserung der Projektabwicklung, zur Konfliktvermeidung und auch zur Vermeidung von unnötigen und teuren

---

[3] Sindermann/Sonntag (Hrsg.): Anti-Claim-Management, Baubetrieblich und baurechtlich optimierte Projektrealisierung, Hürth, 2020.

Nachträgen. Das zeigen die Erfahrungen aus partnerschaftlich durchgeführten Projektabwicklungen weltweit. **Ein wohl überlegter wirklich partnerschaftlicher Projektstart ist die einzige Chance das Projekt auf Erfolgskurs zu bringen.**
Eine grundlegend verbesserte und transformierte Projektabwicklung muss daher auf echter Partnerschaft und klaren Projektzielen basieren.

1.3 Fragmentierte Organisation statt Einbeziehung

Die herkömmliche Projektabwicklung nimmt eine Fragmentierung der Projektprozesse in die Bereiche Planen, Bauen und Nutzen vor.[4] Diese sind derzeit gedanklich, personell, wirtschaftlich und auch vertragsrechtlich getrennt. Rechtlich wird diese Fragmentierung durch die bereits überarbeitete HOAI für die Planung und die stark überarbeitungsbedürftige VOB/B[5] für die Ausführung begünstigt, denn diese beiden absolut marktbestimmenden rechtlichen und kalkulatorischen Rahmenbedingungen sind untereinander und von der Denk- und Herangehensweise nicht kompatibel. Die VOB/B schreibt den Leistungsvertrag vor und begünstigt den Preiswettbewerb mit dem Erfordernis für die Auftragnehmer Nachträge zu generieren, während die HOAI mit Honorartabellen arbeitet, deren Kalkulationsgrundlage zeitunabhängig ist und nun mit frei verhandelbaren sowie mit standardisierten (Basis-)Honoraren neue Vergütungsrahmen anbietet. Die Denk- und Kalkulationsweisen, die Frage wie man aus einem schlechten Deal noch ein einträgliches Geschäft macht, sind in beiden Feldern höchst unterschiedlich. Daher agieren Planer und ausführende Unternehmen grundsätzlich unterschiedlich, es sind unterschiedliche Arbeitsweisen und Kulturen erlebbar, die zu gegenseitigem Unverständnis und Misstrauen führen können. Unterschiedliche Welten treffen aufeinander.

Darüber hinaus haben sich im Bereich der Projektpartner immer mehr Spezialisten herausgebildet. Dies führt in der herkömmlichen kompetitiven Projektabwicklung zu enormen Koordinationsaufwand, erheblichen Informationsverlusten und den berühmt berüchtigten Schnittstellenkonflikten.

---

[4] Eschenbruch, Projektmanagement und Projektsteuerung für die Immobilien- und Bauwirtschaft, 2015, S. 57 ff. Girmscheid, Projektabwicklung in der Bauwirtschaft – prozessorientiert, 2016, S. 467.
[5] Vergabe- und Vertragsordnung Bau.

Durch die rechtliche und tatsächliche Fragmentierung und das damit verbundene „Silodenken" wird eine partnerschaftliche Zusammenarbeit in der Praxis nahezu verhindert,[6] denn sie führt zur Konkurrenz unter den Projektpartnern bis hin zur Kultivierung von stereotypen Feindbildern zwischen Bauherren, Projektsteuerern, Architekten, Planern und ausführenden Unternehmen. Wenn es dann zu (Verantwortungs-)Lücken und Fehlern während der Projektabwicklung kommt, wird sofort nach Strategien gesucht, wie der jeweils andere dafür haftbar gemacht werden kann. Diese grundsätzliche Kampf- bzw. Konfliktbereitschaft in konventionellen Projektabwicklungen entspricht einer systembedingten latenten Dauerkonflikteskalation auf Stufe drei von neun nach dem Modell von Glasl.[7] Eine ständige Alarmbereitschaft der Projektpartner ist die Folge.

Diese führt in der Praxis dazu, dass jegliche Fehler in Bezug auf Zeit, Kosten und Qualität sofort als massives Risiko eingeschätzt werden und mit Angst vor finanziellen wie auch Image-Verlusten einhergehen. Statt eines adäquaten Fehler- oder Risikomanagements reagiert oft die Emotion und ruft zusätzliche Konflikte hervor wo Probleme auch sachlich gelöst werden könnten. Dies schadet nicht nur der Wirtschaftlichkeit und Qualität, sondern auch den Menschen und wirkt sich als Teufelskreis schlechter Zusammenarbeit aus.

Statt Abteilungsdenken ist vielmehr vernetzt im Sinne von „Nahtstellen" zu denken. Dies erfordert einen ganzheitlichen Ansatz für ein komplexitätsgerechtes verantwortliches Denken und Handeln[8] aller Projektpartner durch faire Einbeziehung der relevanten Interessen. Hierfür gibt es aber in der herkömmlichen Projektabwicklung kaum Raum. Die ganzheitliche Transformation der Projektabwicklung ist daher in Richtung echte Kooperation und Partnerschaftlichkeit anzustreben.

1.4 Preiskampf und Qualitätsverlust aufgrund von Leistungsverträgen im Bauwesen

Die meisten Bauverträge werden auf der Grundlage der VOB/B als sogenannte Leistungsverträge abgeschlossen, da dies der Standardvertragstyp der VOB/B ist. Dort heißt es in § 2 Abs. 1 „durch die vereinbarten Preise sind alle Leistungen ab-

---

[6] Girmscheid, G., Projektabwicklung in der Bauwirtschaft – prozessorientiert, 2016, S. 467–497.
[7] Vgl. Glasl, F., Konfliktmanagement, 12.Aufl., S. 2020, S. 260 ff. sowie unten Abschn. 6.6.
[8] Scharmer, O., Essentials der Theorie U, Grundprinzipien und Anwendungen, 2019, S. 23.

gegolten, die nach der Leistungsbeschreibung (…) zur vertraglichen Leistung gehören". Das bedeutet, dass sämtliche Faktoren, die zur Preisbildung einer Bauleistung erforderlich sind, in den Einheitspreis einfließen müssen und darin abschließend abgebildet sind. Das Risiko der korrekten Preisbildung trägt damit der Auftragnehmer. Dies ist eine Abweichung von dem Grundsatz des BGB Werkvertrages, wonach die Leistung zu vergüten ist, denn danach können grundsätzlich alle Leistungen abgerechnet werden, zumindest nach der üblichen Vergütung, vgl. § 632 BGB. Von diesem Grundsatz weicht der Leistungsvertrag ab, mit der Folge dem Auftraggeber maximale Preissicherheit zu geben. Der Gedanke der Abgeltung der Leistung zu vereinbarten Preisen resultiert vor allem aus dem Vergaberecht, das eine Vergleichbarkeit der Angebote herstellen möchte.

Durch den Leistungsvertrag erst ist der Preiswettbewerb möglich. Leider ist dieser Wettbewerb nicht immer zum Wohle des Auftraggebers. Denn der Einheitspreisvertrag führt häufig zu einem Roulette, bei dem der beste Anbieter derjenige ist, der im Voraus weiß, welche Leistungen voraussichtlich deutlich unterhalb der ausgeschriebenen Menge abgerufen werden. Diese können dann risikolos besonders günstig angeboten werden und machen das Gesamtangebot preislich besonders attraktiv für den Auftraggeber, der zum Zeitpunkt des Vertragsschlusses diesen Zusammenhang aufgrund naturgemäß bestehender Informationsdefizite nicht erkennt. Kommen später aber die teuer angebotenen Leistungen übermäßig zur Ausführung, erhält der Auftragnehmer überproportional mehr Vergütung. Dies führt zu einer für den Bauherrn unerwarteten Kostensteigerung. Hier nutzt der Auftragnehmer Informationsvorsprünge für sich aus, um im Preiskampf zu überleben. Das in der BWL wohlbekannte Prinzipal- Agent-Dilemma entfaltet sich und der Unternehmer kann unter Ausnutzung des Informationsdefizits des Auftraggebers seinem Eigennutzinteresse (Gewinnstreben) Geltung verschaffen. Der Auftraggeber fühlt sich hintergangen, ist es aber nicht, denn er hat die Leistung ausgeschrieben und der Auftragnehmer hat sie bepreist, ohne auf mögliche tatsächliche Veränderungen in der notwendigen Leistungserbringung hinzuweisen. Dieses Phänomen führt zu enormen Misstrauen bei Auftraggebern und machen eine echte Kooperation schwierig. Es ist nur möglich, weil Informationsasymmetrien aufgrund der systembedingt intransparenten Kalkulation und Leistungserbringung in der konventionellen Projektabwicklung entstehen und ausgenutzt werden.

Die Transformation der vertraglichen Rahmenbedingungen ist erforderlich und bereits jetzt möglich (siehe Kap. 7).

1.5 Unrealistische Terminvorgaben

Projekte beginnen oft nicht nur mit unklaren Projektzielen, sondern auch mit unrealistischen Terminvorgaben. Wenn schon nicht klar ist, wohin die Reise gehen soll, dann weiß man eigentlich auch nicht, wann man dort ankommt. Dennoch werden in herkömmlichen Projektabwicklungen frühzeitig Verträge geschlossen, die bereits klare Vertragstermine und Fristen vorschreiben. Damit wird eine Risikoverteilung in terminlicher Hinsicht meist zulasten der Auftragnehmerseite vorgenommen, die diese mit Behinderungsanzeigen unwirksam machen müssen. Bauverträge sind daher eine Aufforderung zum Streit, der bereits mit dem Kampf um die Ressource Zeit beginnt, der ausgetragen wird durch die taktische Abwehr von möglichen Verzugssituationen.

Es geht um Bauzeitverlängerungsansprüche und Bauzeitnachträge und deren Abwehr. Dieses Spiel beginnt sofort nach Vertragsschluss, wenn der Vertrag unüberlegt und zu früh geschlossen wurde. Bei jeder vom Auftraggeber gewünschten Änderung geht es weiter. Es entsteht dadurch automatisch enormer Zeitstress bei den Partnern, der allerdings oft klares und für das Projekt förderliches Denken und Handeln verhindert. Damit wird bei herkömmlichen Projekten unbeabsichtigt, aber dennoch systemimmanent eine Situation geschaffen, bei der sich die Beteiligten automatisch konfrontativ gegenüberstehen und nur danach streben, das Terminrisiko jeweils auf die andere Seite abzuwälzen. So werden im Handumdrehen aus Vertragspartnern Gegner, die zur Verfügung stehende Zeit wird durch Konflikte zusätzlich verknappt, statt sie sinnvoll und konzentriert für den Projekterfolg und dessen Qualität zu nutzen.

Eine konsequent neu gedachte Projektabwicklung muss verantwortungsvoll und achtsam mit der Ressource Zeit umgehen, denn in der Ruhe liegt die Kraft, die für einen ganzheitlichen Projekterfolg notwendig ist.

1.6 Fehlende Kommunikation auf Augenhöhe

Die Rolle des Bauherrn ist in der herkömmlichen Projektabwicklung machtvoll. Nach dem Motto „wer bezahlt, schafft an", wurde etwa in § 1 Abs. 3 VOB/B seit über 100 Jahren die übermächtige Rolle des Bauherrn manifestiert. Dort heißt es: „Änderungen des Bauentwurfs vorzunehmen, bleibt dem Auftraggeber vorbehalten". Dieser Passus ist auf den ersten Blick nachvollziehbar, da der Bauherr letztlich mit dem Bauwerk leben muss und ggf. Änderungen für ihn sehr bedeutsam sind. Geht man aber von einer Situation aus, bei der der Leistungsvertrag bereits abgeschlossen ist, bedeutet dieser Passus, nichts Anderes als dass der Auftraggeber einseitig risikolos Vertragsänderungen vornehmen kann in Bezug den Inhalt der Leistung, ohne dass sich am Kostengefüge etwas Wesentliches ändert, vgl. § 2 Abs. 5 und Abs. 6 VOB/B.

Umgekehrt ist es aber den Auftragnehmern nicht möglich, Materialpreiserhöhungen oder gestiegene Löhne bei Positionen, die bereits im Leistungsverzeichnis bepreist sind, an den Auftraggeber weiterzureichen bzw. einseitig durchzusetzen oder sich durch freie Kündigung aus einem ungünstig werdenden Vertrag zu lösen. Dieser einseitige und bauherrenfreundliche rechtliche Rahmen für Nachträge schränkt die tatsächlichen Kooperationsmöglichkeiten der Parteien erheblich ein.

Das einseitige Anordnungsrecht hat über die Jahrzehnte bei manchem Bauherrn zu einem autoritären und hierarchischen Rollenselbstverständnis beigetragen und eine Top-Down-Kommunikation manifestiert. Die Vertragspartner begegnen sich nicht auf Augenhöhe. Damit sind nicht nur die Beziehungen der Vertragspartner gestört, sondern es leiden auch die Qualität und der Erfolg des Projekts, denn die Ressource des Vertragspartners als Experte in seinem Fach wird verschwendet, wenn er nicht angemessen einbezogen und gewertschätzt wird.

Ein grundlegend neu gedachtes Projektabwicklungsmodell muss durchgängig Kommunikation auf Augenhöhe ermöglichen und die rechtlichen Voraussetzungen hierfür schaffen bzw. bereits vorhandene nutzen.

1.7 Angst und destruktive Verhandlungen

Die Angst geht um in der herkömmlichen Projektabwicklung. Angst in ganz unterschiedlichen Zusammenhängen. Angst vor Risiken und Haftung, vor dem Dauerstress, vor Existenzverlust, Konflikten, Überforderung und davor, über den Tisch gezogen zu werden. Diese Ängste sind Teildes Systems der herkömmlichen Projektabwicklung und ihrer Prozesse. Sie werden durch deren kooperationsfeindlichen Rahmenbedingen hervorgerufen bzw. verstärkt.

In Verhandlungen, die in Projekten obligatorisch sind, kommt es aufgrund der zuvor beschriebenen Gegnerschaft der Projektbeteiligten einer konventionellen Projektabwicklung zwangsläufig zu verbalen Angriffen, Verteidigungen, Rückzügen, Diffamierungen, Kontaktabbrüchen, Machtspielchen, destruktiven (Ver-)Handlungen mit enormen Konfliktpotenzial und sehr viel Misstrauen. Dies ist der geistige Boden auf dem die Bauvorhaben errichtet werden. Die Qualität kann dabei nur Schaden nehmen.

In vielen Fällen ist die Angst und der damit zusammenhängende Stress selbst gemacht, weil es an einer passenden Umgangsweise mit Emotionen, die in der harten

Bauwelt nahezu tabu sind, fehlt. Zudem sind die Beteiligten oft nicht in der Lage, den erlebten Stress sinnvoll zu regulieren. Stattdessen wird oft ein negativer Dauerstress aufgebaut. Mindfulness oder Achtsamkeit in Bauprojekten wird geradezu als undenkbar oder gar paradox empfunden, von all jenen, die die Baubranche noch immer als Kampfplatz sehen, bei dem Säbel rasseln alltäglich und derjenige der Held ist, der andere so richtig reinlegen und über den Tisch ziehen kann. Diese Wild-West-Romantik ist wirtschaftlich unsinnig und dient nur der Befriedigung des Egos der auf die althergebrachte Weise agierenden Projektbeteiligten.

Die herkömmliche Projektabwicklung sieht kein Instrument für den angemessenen Umgang mit den Emotionen und den Disstress der Beteiligten in Verhandlungen vor. Sie überlässt die beteiligten Personen dem freien Kampf und versagt insofern als Organisationsinstrument.

Die Kräfte der Projektbeteiligten werden also nicht zum Wohle des Projekts gebündelt, sondern geradezu pulverisiert und in Nebenkriegsschauplätzen verschwendet. Dieses Vorgehen widerspricht jedem wirtschaftlich verantwortungsvollen Handeln. Die Vermeidung der Verschwendung von Ressourcen ist nämlich ein wesentlicher Aspekt erfolgreichen Wirtschaftens.

Faire und kooperative Zusammenarbeit ist dagegen ausbalanciert. Die beteiligten Projektpartner sind im Flow und arbeiten respektvoll mit entspannter Aufmerksamkeit. Ist dieser ausgewogene und gesunde Zustand erreicht, dann erst ist es möglich, dass sich die Beteiligten wirklich mit der in der BANI-Welt gebotenen Weitsicht über das Projekt austauschen. Dies wiederum ist Voraussetzung für ein kluges und konstruktives Verhandeln

Eine grundlegend neu gedachte und transformierte Projektabwicklung muss einen Rahmen dafür bereithalten, dass die Projektbeteiligten auf achtsame und gelassene Weise verhandeln können.

1.8 Ungenügendes Fehler-, Risiko- und Konfliktmanagement

Konventionelle Projektabwicklungsmodelle sehen zwar Fehler-, Risiko- und teils auch Konfliktmanagementansätze vor. Diese werden jedoch meist von jedem Projektpartner auf sich selbst bezogen betrachtet, um Eigennutzinteressen zu schützen.

Der Erfolg des Gesamtprojekts im Sinne des Gedankens „Best for Project" wird bei der Risikoabschätzung von den einzelnen Projektbeteiligten außer Acht gelassen. Den einzelnen Beteiligten geht es vor allem um das Vermeiden und Managen von eigenen Risiken und nicht um gemeinsame Wertschöpfung durch das Projekt und damit auch nicht um eine Risikoabschätzung mit Bezug auf das Gesamtprojekt. Daher werden Fehler schnell rechtlich betrachtet und als Gefahr identifiziert. Dieser verzerrte Umgang mit Fehlern löst keine praktischen Probleme im Sinne des Projekterfolgs und mindert daher die Qualität des Bauwerks. Außerdem verhindert die vorschnelle rechtliche Bewertung von Felern eine transparente und angstfreie Kultur der Verantwortung für Fehler. Ein konstruktiver Umgang mit Fehlern, die bei einem schöpferischen iterativen Prozess wie etwa dem Planen nicht die Ausnahme, sondern die Regel sind, wird hierdurch verhindert.

Ähnlich verhält es sich mit dem Thema Risikomanagement. Risikoverteilungen werden bereits in Verträgen getroffen und benachteiligen meist die Vertragspartei mit der geringeren Verhandlungsmacht. Wer als Auftraggeber unfaire Risikoverteilungen vornimmt, muss aber denklogisch damit rechnen, dass sein Vertragspartner versuchen wird, dieses Risiko anderweitig auszugleichen. Die Projektpartner sind daher permanent mit der Abwehr eigener Risiken beschäftigt. Das bringt automatisch Konflikte mit sich. Zugleich fehlen die Zeit und die Motivation für eine wirklich gute Leistung. An einer solchen Dynamik kann kein Auftraggeber ernsthaft interessiert sein.

Konfliktbearbeitung im Umfeld der herkömmlichen Projektabwicklung bedeutet, dass sehr schnell konfrontativ verhandelt wird und Rechtsanwälte hinzugezogen werden. Weil Konflikte aufgrund der genannten unfairen Rahmenbedingungen latent sind und dann sehr schnell eskalieren können, ist der Gang zu Gericht der bevorzugte Weg der Konfliktlösung in der herkömmlichen Projektabwicklung. Dieser Weg dauert oft lang, ist teuer und kann im Grunde nur eine rechtliche Lösung für Fragen aus der Vergangenheit ergeben. Da gerichtliche Auseinandersetzungen bei größeren Projekten nahezu obligatorisch sind, sind es bei herkömmlichen Projektabwicklungen auch schriftliche Dokumentationen während der Vertragserfüllung geworden. So werden während der Projektabwicklung schon systematisch Beweise für den späteren Gerichtsprozess gesammelt. Dieses Vorgehen der Projektpartner dient der eigenen Absicherung und ist durchaus sinnvoll, führt aber auch dazu, dass das für eine Kooperation erforderliche Vertrauen schwindet.

Seit über 20 Jahren werden auch alternative, kooperative Konfliktbearbeitungsmethoden angeboten. Zu nennen sind hier vor allem die Mediation und die Schlichtung.[9] Mediation ist ein außergerichtliches kooperatives Verhandlungsverfahren, bei dem die Parteien durch neutrale und allparteiliche Dritte dabei unterstützt werden, ihren Konflikt selbst zu lösen. Mediatoren haben keine Entscheidungsmacht und verstehen sich lediglich als Vermittler zwischen den Konfliktparteien. Mediation ist im Mediationsgesetz, welches aufgrund einer Europäischen Richtlinie erlassen wurde, geregelt. Mediation wird in der Projektabwicklung oft erst eingesetzt, wenn die Kon-

---

[9] Siehe ausführlich: AHO Schriftenreihe Nr. 37, Konfliktmanagement in der Bau- und Immobilienwirtschaft, Bundesanzeigerverlag, Stand März 2018.

flikte bereits stark eskaliert sind. Dennoch kann von einer ca. 80 %igen Erfolgsquote ausgegangen werden. Ziel ist es hier eine Win-Win-Lösung für alle Parteien zu verhandeln. Bei der Schlichtung, die meist auch kooperativ geführt wird, empfiehlt der Schlichter am Ende eine Lösung. Die Parteien haben die Wahl, ob sie diesen Schlichterspruch akzeptieren oder sich weiterstreiten, etwa vor Gericht.

In herkömmlichen Projektabwicklungen kommen die alternativen Streitbeilegungsmethoden nicht oder viel zu spät zum Einsatz, nämlich als letzte Rettung vor einem Gerichtsstreit. Frühzeitig oder projektbegleitend werden mediative Verhandlungsunterstützungen kaum eingesetzt. Argument sind immer die angeblich hohen Kosten für die Mediationsdienstleistung. Das ist jedoch sehr kurz gedacht, denn Konflikte können enorme Kosten, Baustillstand und Qualitätsverluste hervorrufen, die durch ein systematisches, obligatorisches und begleitendes Konfliktmanagement und damit durch eine frühzeitige Bearbeitung verhindert werden können.

Konflikte sind in der Projektabwicklung alltäglich, teils auch notwendig, um auf Probleme hinzuweisen. Nur wenn Konflikte konstruktiv ausgetragen werden, können sie Chancen für das Projekt eröffnen, ansonsten richten sie eher Schaden an. In alternativen Projektabwicklungsformen wird bereits heute die frühzeitige planungs- und baubegleitende Mediation mit Erfolg eingesetzt, weil sie vertraglich bereits vorgesehen ist.

Eine transformierte und konsequent partnerschaftliche, integrative und kollaborative Projektabwicklung muss grundlegend neue Denk- und Vorgehensweisen im Bereich des Fehler-, Risiko-, und Konfliktmanagements enthalten.

1.9 Unfaires Informationsmanagement

Wissen ist Macht. Nach diesem Motto gehen viele Projektbeteiligte vor. Transparenz und Offenheit sind in der herkömmlichen Projektabwicklung nahezu Fremdworte, weil oft die Angst besteht, dadurch angreifbar zu werden. Die fehlende Informiertheit zieht sich durch alle Phasen der herkömmlichen Projektabwicklung. Jeder erwartet jeweils von anderen Seiten informiert zu werden. Das beginnt bereits bei der Projektentwicklung und endet eigentlich nie. Projektpartner scheinen davor Angst zu haben, dass sie mehr Risiken eingehen, wenn sie mehr Fragen stellen und Informationen oder Wissen weitergeben. Diese Geheimnistuerei bringt Misstrauen und schlechte Qualität mit sich, da Wissensressourcen ungenutzt bleiben und eine produktive Zusammenarbeit gestört wird.

Dieses enorme Defizit wird auch nicht durch digitale Lösungen behoben, denn die digitale Welt ist immer nur so gut wie diejenigen die mit ihr arbeiten. Wer Informationen nicht offen teilen will, der tut dies auch nicht, wenn er hierzu verpflichtet wäre. Die Praxis der konventionellen Projektabwicklung zeigt, dass auch dort wo transparente Kooperation für das Gelingen eines Projekts notwendig wäre, etwa bei BIM, sich die Beteiligten schwertun, ihr Wissen ganz in das Projekt einzubringen. Ohne die Bereitschaft der ehrlichen Mitwirkung der Projektbeteiligten, hilft auch die KI nicht, Informationslücken zu schließen, weil diese nur auf Annahmen und nicht auf Tatsachen oder verbindlichen Vereinbarungen zurückgreift.

Eine grundlegend transformierte Projektabwicklung muss dafür sorgen, dass Informationen und Wissen geteilt werden und dem Projekt zugutekommen, ohne dass aber die Beteiligten wirtschaftliche oder rechtliche Nachteile für die Zukunft befürchten müssen.

1.10 Keine (gute) Führung der Projektpartner

Die Projektpartner der herkömmlichen Projektabwicklung sind zumeist eigenständige Unternehmen und haben ihre eigene Organisation, Management und Führung. Zwar werden Projektleiter, Projektmanager wie auch Projektsteuerer eingesetzt, diese sind aber vor allem mit Managementaufgaben bezogen auf Einzelaspekte des Projekts oder mit der Verfolgung bestimmter Interessen betraut. Es geht um Koordination von Projektbeteiligten Objekt- und Fachplanen bis hin zu der Koordination auf der Baustelle mit dem Fokus Qualitäts- und Kostenmanagement.

Management befasst sich damit, die Dinge richtig zu tun. Es gibt Werkzeuge und auch Software, die dieses unterstützt. Diese Managementaufgaben sind für jede Art der Projektabwicklung sehr wichtig. Management ist von dem Begriff der Führung zu unterscheiden. Führung wendet sich an den Geist, das Denken, während Management eher angesiedelt ist auf der Ebene der Umsetzung, und mit dem Körper zu vergleichen ist. **Unter Führung versteht man einen Prozess, der das Ziel verfolgt, die richtigen Dinge zu tun.**

Unter Gesamt-Projektführung ist in der Projektabwicklung eine Rolle zu verstehen, die den Gesamterfolg des Projekts und den für alle Projektbeteiligten im Blick hat. In der herkömmlichen Projektabwicklung gibt es jedoch vor allem Menschen in leitender Position, die sich mit Management befassen. Sie beachten Regeln, verfolgen Prozesse, optimieren Prozesse, planen und kontrollieren. Dabei werden häufig leider auch einsame Entscheidungen in einem kleinen Kreis von Entscheidungsträgern getroffen, bei denen die Beteiligten nicht oder viel zu spät einbezogen werden. Dies stößt die Projektpartner vor den Kopf und demotiviert. Fehlende Einbeziehung fördert auch die Haltung, Bedenken, Beschwerden etc. vorschnell zu äußern und verhindert zudem, sich aus eigenem Antrieb zu informieren und das Projekt zu unterstützen. Demotivation ist schlimmer als fehlende Motivation durch extrinsische Anreize.[10]

---

[10] Reineck/Sambeth/Winkelhofer, Handbuch Führungskompetenzen trainieren, S. 139–144.

1.10 Keine (gute) Führung der Projektpartner

So manches Projektmanagement betreibt umfassende Demotivation, selbstverständlich ohne dies zu beabsichtigen. Menschen werden wegen Fehlern an den Pranger gestellt, Lagerbildung begünstigt. Aus Sicht so manchen Projektmanagers ist es besser, die Partner erleben sich als Konkurrenten oder Gegner statt sich einig zu sein, aus Angst davor, am Schluss noch selbst angegriffen zu werden. Genau in diese Situation des Gegeneinanders haben so manche Manager herkömmlicher Projektabwicklungen schon sehr oft geführt. So kommt es zu einer Kultur des gegenseitigen Misstrauens und der fehlenden Kollegialität.

Gute Führung bedeutet, eine gute und vertrauensvolle Beziehung aufzubauen und die Projektpartner, die im Grunde jeweils aus eigenständigen Unternehmen kommen, zu dem gemeinsamen Projektziel zu führen. Dies ist eine sehr herausfordernde, aber notwendige Aufgabe, gerade in der Projektabwicklung. Denn Führung hat sowohl die sogenannte Lokomotionsfunktion (zum Ziel führen) als auch die Funktion, ein Team zu bilden und zu fördern, sodass ein starkes Wir-Gefühl unter den Projektpartnern entsteht (Kohäsionsfunktion). Gute Projekt- und Teamführung bringt die Partner dazu, sich gegenseitig zu unterstützen und zu motivieren.

Ohne gute Gesamt-Führung verlieren die Beteiligten der Projektabwicklung das Ziel aus den Augen und arbeiten gegeneinander oder behindern sich gegenseitig, Konflikte laufen unkoordiniert ab, Störungen im Bauablauf sind nicht die einzige Folge. Daher ist gute Führung für jedes erfolgreiche Unternehmen unerlässlich, in der herkömmlichen Projektabwicklung aber Fehlanzeige. Die herkömmlichen Projektabwicklungen legen bezogen auf das Gesamtprojekt oft keinen Wert auf eine Gesamt-Führung und erleben daher, dass Planen und Bauen schwerfällt, die Motivation der Beteiligten sich in Grenzen hält und jeder sein eigenes Süppchen kocht. **In jedem Unternehmen ist die Bedeutung guter Führung bekannt, nur in der Abwicklung von Bau- und Immobilienprojekten gibt es hierfür keine ausdrückliche Rollenverantwortung.** Führung wird irgendwie mitgemacht – mal vom Bauherrn, dem Projektsteuerer, der oft nicht das Vertrauen der Projektpartner besitzt oder von externen Beratern im Rahmen von Onboarding-Workshops. Das reicht aber nicht aus, denn Führung muss den Projektalltag begleiten und präsent sein. Gute Führung ist Vorbild, Kommunikator, Konfliktlöser, Ansprechpartner, emotional dabei, gibt Alles zum Erreichen des Projektziels und unterstützt die Teammitglieder dabei, ihre Aufgaben bestens und mit Freude zu erledigen.

Eine grundlegend neu gedachte und transformierte Projektabwicklung muss daher ausdrücklich auf gute Gesamt-Projektführung setzen, damit das Projektziel während der gesamten Zeit der Projektabwicklung im Blick behalten wird und die Partner zu einem Team zusammenwachsen, das sich gegenseitig unterstützt und Höchstleistungen erbringt.

Literatur

AHO Schriftenreihe Nr. 37, Konfliktmanagement in der Bau- und Immobilienwirtschaft, Stand März 2018, Bundesanzeiger Verlag, 2018

Eschenbruch, K., Projektmanagement und Projektsteuerung für die Immobilien- und Bauwirtschaft, 5. Aufl., Hürth, 2019

Girmscheid, G., Projektabwicklung in der Bauwirtschaft – prozessorientiert, Wiesbaden, 2014

Glasl, F., Konfliktmanagement, 12. Aufl., Stuttgart. 2020

Hagsheno/Budau/Lippl; Ursachen für die zurückhaltende Anwendung alternativer Projektabwicklungsmodelle in der deutschen Bauwirtschaft, 2019

Hübler, M., Die Führungskraft als Mediator, Wiesbaden 2020

Ibrom, S., Die Rolle der Mediation in demokratischen Entscheidungsprozessen, Baden-Baden 2015

Jung/Renken (Hrsg.), Mediation am Bau, Stuttgart, 2021

Lange, J., (Hrsg.) Werteorientierte Führung in Theorie und Praxis, Wiesbaden, 2021

Montana, L. & Kals, E., Mediation – Lehrbuch für Psychologen und Juristen, Weinheim 2013

Reineck/Sambeth/Winkelhofer, Handbuch Führungskompetenzen trainieren, 2. Aufl. Weinheim, 2011

Scharmer, O., Essentials der Theorie U, Grundprinzipien und Anwendungen, Heidelberg, 2019

Schirmer/&Woydt, Mitarbeiterführung, 3. Aufl., Wiesbaden 2016

Sindermann/Sonntag (Hrsg.): Anti-Claim-Management, Baubetrieblich und baurechtlich optimierte Projektrealisierung, Hürth, 2020

Projektabwicklung in Bewegung 2

Seit vielen Jahren werden partnerschaftliche Projektabwicklungsformen diskutiert. Die konsequente Umsetzung ist bisher nicht gelungen

Zusammenfassung

Seit vielen Jahren wird die Notwendigkeit partnerschaftlicher Projektabwicklung diskutiert. Partnerschaftliche Ansätze wurden immer wieder vorgestellt und wenige in die Praxis umgesetzt. Eine Veränderung der herkömmlichen Kultur der Projektabwicklung konnte bisher noch nicht bewirkt werden. Dies liegt nicht nur am Widerstand, der Changeprozessse meist begleitet, sondern auch daran, dass wesentliche Faktoren wie ein passender rechtlicher Rahmen für partnerschaftliche Projektabwicklung sowie durchgängig partnerschaftliche Organisationsstrukturen oder eine konsequent gute Führung bisher noch nicht vorgesehen oder aufeinander abgestimmt sind. Einzelne partnerschaftliche Aspekte wie Methoden des Lean Managements ergänzen zwar die herkömmliche Projektabwicklung, neu gedachte und gelebte partnerschaftliche Projektorgansiationen gibt es aber in der Breite noch nicht. Eine neue Organisationsform ist das IPA-Modell. IPA steht für Integrierte Projektabwicklung oder manchmal auch für Integrierte Projektallianz. Zuweilen werden die Begriffe inkonsequent verwendet und das Wort „integriert" teils auch mit „integral" vertauscht. Im Grunde leitet sich aber der Begriff vom englischen IPD ab, welches für „integrated project delivery" steht. Das IPA-Modell eignet sich ausschließlich für komplexe Großprojekte, weil es einen enormen Organisations- und Kostenaufwand erfordert. Neben sehr guter Managementmethoden und Aspekten der kollaborativen Zusammenarbeit steht IPA allerdings auf rechtlich wackeligen Beinen und integriert leider kaum die heute wichtigen Aspekte nachhaltiger Wertschöpfung. Andererseits zeigt das IPA Modell auf, wo konventionelle Projektabwicklung zwingend transformiert werden muss. Im

Wege der Abgrenzung und Weiterentwicklung des IPA Ansatzes lassen sich die Anforderungen für ein auf den breiten Einsatz ausgelegtes Konzept der ganzheitlichen Projektabwicklung ableiten.

2.1 Veränderungsdruck

Die vielfältigen Unsicherheiten in der Baubranche wie Lieferkettenverantwortlichkeiten, Preissteigerungen, immer neue umweltrechtliche Anforderungen oder der gestiegene Finanzierungsdruck erfordern veränderte Vorgehensweisen in der Projektabwicklung. Sie zwingen Bauherren und Investoren geradezu zu planvollem, verantwortlichen und ressourcenschonenden Vorgehen. Partnerschaftliches Kollaborieren ist ein wesentlicher Schritt in diese Richtung.

Veränderungsdruck ist wahrnehmbar bei den Arbeitgebern, denn diese sind mit Nachwuchsproblemen konfrontiert. Die konfliktbehaftete herkömmliche Projektabwicklung schreckt motivierte junge Menschen der Generation Z geradezu ab. Für Menschen dieser Generation ist eine gelungene Teamarbeit, Sinnhaftigkeit und ein gutes Arbeitsklima nämlich wesentlich. Megathemen wie Digitalisierung und Nachhaltigkeit fordern die konventionelle Projektabwicklung heraus, da diese die großen Themen unserer Zeit noch nicht sinnvoll umsetzt. Will man verantwortlich entlang des Lebenszyklusses eines Bauwerks handeln, ist es essenziell, ganzheitlich und vernetzt zu denken, bevor digitale Werkzeuge eingesetzt werden.

Zudem muss die sinnvolle und transparente Vernetzung von digitalen Möglichkeiten und nachhaltiger Entwicklung in der Projektabwicklung Kultur und Selbstverständlichkeit werden. Hierzu ist Partnerschaftlichkeit und gute Führung notwendig.

Es ist oft der einzelne Mensch, sei es der Bauherr oder der Projektpartner, der die bereits bestehenden Möglichkeiten der Digitalisierung nicht ausgeschöpft, weil nicht das Ganze, sondern nur Teilaspekte isoliert bearbeitet werden. So planen Architekten etwa kunstvoll, beziehen hierbei aber gebäudetechnische Aspekte nicht detailliert genug in die Gestaltung ein. Investoren sehen oft nur die Erstellungskosten und die wirtschaftliche Verwertung und sind weniger an der Langlebigkeit und Qualität eines Gebäudes oder gar an den Betriebskosten interessiert als ein Bauherr, der das Bauvorhaben selbst nutzt.

Digitale Werkzeuge optimieren die Wartung und können auch für den späteren Rückbau des Gebäudes wertschöpfend eingesetzt werden. 50 % des Abfallaufkommens in Deutschland ist dem Bauwesen zuzuschreiben. Durch digitale Cradle-to- Cradle-Lösungen kann Abfall vermieden. Der Transformationsdruck müsste hier aus der Gesellschaft und den zukünftigen Generationen kommen, die einen verantwortungsvollen Umgang mit Ressourcen zu Recht fordern. Diese Stimmen sind leider noch sehr leise – jedenfalls in Bezug auf die Art und Weise der Projektabwicklung, denn die social skills sind wenig mess- und vorschreibbar. Der steigende Finanzierungsdruck könnte aber ebenfalls zu besserer Ressourcennutzung durch die Digitalisierung von Gebäuden zwingen.

Darüber hinaus werden Informationen in der konventionellen Projektabwicklung häufig an Schlüsselpositionen geheim gehalten und nicht rechtzeitig oder nur unvollständig ausgetauscht. Mit fehlender Transparenz und Offenheit lassen sich aber weder Informationstechnologien sinnvoll einsetzen noch ernsthaft nachhaltige Entwicklung betreiben, die nur ganzheitlich gedacht sinnvoll ist.

Ganzheitliches Denken und Verhandeln in den strategischen Entscheidungsrunden des Projektes sind daher im Projektalltag notwendig. Obwohl der Bedarf erkannt ist, wird aktuell nicht danach gehandelt, weil noch immer eine Kultur des Gegeneinanders im Bauwesen herrscht.

Die Kultur der Projektabwicklung ist ganzheitlich zu transformieren: Für ein nachhaltiges Wirtschaften müssen die Interessen aller Projektbeteiligter sowie aktueller und künftiger Nutzer, Betroffener, die der Umwelt sowie künftiger Generationen angemessen berücksichtigt werden. Hierzu gibt es bereits Ansätze.

2.2 Partnerschaftliche Ansätze

Im angloamerikanischen und skandinavischen Raum werden seit über 25 Jahren diverse Ansätze alternativer partnerschaftlicher Projektabwicklung erfolgreich eingesetzt. Zu nennen sind insbesondere das „Project Partnering" aus Großbritannien,[1] „Project Alliancing" aus Australien, „Integrated Project Delivery" (IPD) aus den USA[2] sowie ein hybrides Alliancing und IPD Modell in Finnland.[3] Der Einsatz dieser Projektabwicklungsmodelle führte nachweislich teils zu beachtlichen Kosten-, Termin- und Qualitätsvorteilen. Oft berichten die Projektbeteiligten von einer

---

[1] Ein Paradebeispiel hierfür ist der Terminal 5 des Flughafens London Heathrow, bei dem bereits bei Projektstart etwa 120 Mediatoren zur Verbesserung der Kommunikation zwischen den Projektpartnern zum Einsatz kamen. Siehe Davis, Gann, Douglas in California Management Review, 2009, 101–125.

[2] Vgl. Hagsheno/Budau/Lippl; Ursachen für die zurückhaltende Anwendung alternativer Projektabwicklungsmodelle in der deutschen Bauwirtschaft, a. a. O. 2019, S. 129.

[3] Merikallio, Alliancing in Finland, in: Fiedler, Martin (Hrsg.) Lean Construction – Das Managementhandbuch, Springer, 2018, S. 293–308.

guten Zusammenarbeit, die viel Freude bereitet.[4] Allen Ansätzen ist gemeinsam, dass sich die Beteiligten partnerschaftlich verhalten. Dabei gibt es unterschiedlich enge Formen der partnerschaftlichen Zusammenarbeit.[5]

2.2.1 Merkmale partnerschaftlicher Projektabwicklung

Die höchste Stufe der Integration, also die engste Form der Zusammenarbeit, wird beim IPD erreicht.[6] Die Grundsätze und Prinzipien des IPD lassen sich wie folgt skizzieren:

- Frühe Einbindung aller Hauptakteure,
- gemeinsame Projektziele,
- geteilte Risiken und Gewinne,
- Vertragsbindung der Hauptakteure durch einen gemeinsamen Vertrag,
- teilweiser Haftungsausschluss unter den Hauptakteuren,
- gemeinschaftliche Entscheidungsfindung und Kontrolle,
- Anwendung von Lean Management-Methoden sowie
- respekt- und vertrauensvoller Umgang zwischen allen Projektbeteiligten.[7]

2.2.2 IPA und Mehrparteienverträge

In Deutschland sind bereits ein paar IPA-Projekt angelaufen. Das Akronym IPA steht dabei sowohl für Integrierte Projektabwicklung, also auch für Integrierte

---

[4] Mosey, D., Collaborative Construction Procurement and Improved Value, Wily, 2019, und mit Fallstudien auf S. 285–386. Für Finnland: Merikallio, a. a. O. 2018, S. 293–308. Sowie überblickweise: vgl. *Eschenbruch*, Projektmanagement und Projektsteuerung für die Immobilien- und Bauwirtschaft, 4. Aufl. 2015, S. 13–37; *Girmscheid*, Projektabwicklung in der Bauwirtschaft – prozessorientiert, 2016, S. 463–497.
[5] Siehe auch Überblick bei *Leupertz*, Die Vertragsabwicklung mit BIM-Mehrparteienvertrag, 2019. S. 409 ff.
[6] Vgl. Warda, J., Die Realisierung von Allianzverträgen im deutschen Vertragsrecht, 2020, S. 157 ff.
[7] Hagsheno/Budau/Lippl, Ursachen für die zurückhaltende Anwendung alternativer Projektabwicklungsmodelle in der deutschen Bauwirtschaft. 2019, S. 134; Weiterführend siehe: Forbes/Ahmed, Lean Project Delivery And Integrated Practices In Modern Construction, Routledge, 2. Aufl., 2020.

2.2 Partnerschaftliche Ansätze

Projektallianz oder ggf. auch für Integrale Projektabwicklung. Die Begrifflichkeit ist noch nicht ganz festgelegt.

Die Spielregeln und rechtlichen Rahmenbedingungen werden zumeist in Form von sehr komplizierten Mehrparteienverträgen geregelt. Dabei steht im Vordergrund die Konzentration der Projektpartner auf ein gemeinsames Projektziel sowie die Herstellung der gleichen Rahmenbedingungen für die Zusammenarbeit der Partner als Allianz. Ein Projekt wird dann so gestartet, dass es zu einem Vertragsschluss zwischen dem Bauherrn, Architekten und Generalunternehmer kommt und dieser Vertrag offen ist für den späteren Beitritt weiterer Partner im Laufe des Projekts durch sog. Joining-Agreements oder Tradepartner-Agreements. Es entsteht ein Unternehmen auf Zeit, bei dem die Projektpartner organisatorisch und wirtschaftlich zu einer Einheit werden. Sie tragen gemeinsam die Verantwortung und auch die Risiken und sie sollen sich auf Augenhöhe begegnen immer im besten Sinne für das Projekt. Steuerungsteams werden eingesetzt, um auf der Wertschöpfungs-, Steuerungs- und Unterstützungsebene Führung zu organisieren. Diese Steuerungsteams sind allerdings meist intransparenten gruppendynamischen Prozessen ausgesetzt und werden daher teils durch IPA-Coaches moderiert.

Das IPA Projekt gliedert sich grundsätzlich in drei Phasen: Die Vorbereitungsphase, die Planungsphase und die Projektrealisierungsphase.

Die Vorbereitungsphase betrifft die Projektziele, die Vertragsgestaltung sowie die Partnerwahl. Hier werden die sog. Conditions of Satisfaction, also die Kriterien, die unbedingt erfüllt sein müssen, damit das Projekt ein Erfolg wird, definiert. Die Partner werden im Rahmen von Assessmentcentern auf ihre innere Haltung und die Kooperationsfähigkeit hin überprüft. Zudem werden neben den IPA-Partnern noch IPA- und Lean- Coaches, Rechtsberatung für die Vertragsgestaltung und das Vergabeverfahren beauftragt sowie Arbeitspsychologen für die Durchführung der Assesments sowie BIM Coaches in die Projektstruktur verankert.

Daneben benötigt ein IPA-Projekt von Anfang an weitere Spezialisten wie Wirtschaftsprüfer, Baupreissachverständige sowie Versicherungsmakler. Letztere sind notwendig, weil eventuelle Haftungsfragen im Hinblick auf Planungsfehler, die durch die gemeinsame Planung entstehen, auf Versicherungen abgewälzt werden sollen.[8] In der Planungsphase ist die gemeinsame Erarbeitung der Planungslösung, des Zielkostenangebots und die Möglichkeit des Aussteigens des Auftraggebers vorgesehen. Die Realisierungsphase beinhaltet die Fortsetzung der Planung und die Ausführung mit Abnahme und Gewährleistung.

---

[8] Rodde/Boldt, IPA, Integrierte Projektabwicklung in der Praxis, München, 2024, S. 58 ff., 91 ff.

Mit dem Abschluss des IPA-Mehrparteienvertrages werden die Projektziele, die Vergütung und die Art und Weise der Zusammenarbeit sowie die Risikoverteilung geregelt. Daneben wird auch die Projektorganisation genau geregelt: Vom Aufbau der Entscheidungsebenen über die Einflussnahmemöglichkeiten der einzelnen Partner und Entscheidungsteams bis hin zu Entscheidungsquoren. Für Streitfälle sind alternative Möglichkeiten wie Mediation oder Schlichtung vorgesehen. Weiterhin ist die Unternehmensorganisation im IPA-Vertrag soweit vorauszudenken, dass zur Überprüfung der Angemessenheit der gemeinsam vereinbarten Zielkosten der Auftraggeber, der eigentlich ebenfalls Partner ist, auf Kosten des temporären IPA Unternehmens einen Bausachverständigen beauftragen kann, um hier seiner Angst, von den anderen Partnern über den Tisch gezogen zu werden, zu begegnen. Der Mehrparteienvertrag ist meist extrem umfangreich und kompliziert.

Folgende Regelungen sind für Mehrparteienverträge typisch

- Frühzeitige Einbindung der ausführenden Unternehmen
- Bildung einer Projektallianz
- Bildung von Organisations- und Entscheidungsteams
- Vergütung im Wege des Kostenerstattungsprinzips plus ein Bonus-Malus-System
- Definition der Conditions of Satisfaction
- Beteiligung der Vertragspartner an Projektrisiken
- Haftungsbeschränkung der Projektbeteiligten
- Nutzung von Lean Construction Methoden
- Projektinterne Konfliktlösungen
- Erforderliche Dritte und deren Finanzierung: IPA- und Lean-Coach, BIM Coach, juristische Begleitung, Arbeitspsychologe, Wirtschaftsprüfer, Baupreissachverständige und Versicherungsmakler.[9]

Die Rechtsnatur des Mehrparteienvertrages ist umstritten
Während es im angloamerikanischen und skandinavischen Rechtsraum Musterverträge für die partnerschaftliche Projektabwicklung gibt, ist der Mehrparteienvertrag in Deutschland eine Rarität und seine Rechtsqualität höchst umstritten. Manche erkennen in diesem Vertrag einen Gesellschaftsvertrag, andere wiederum meinen, er sei ein Vertrag sui generis, also ein Vertrag eigener Art, für den es keinen

---

[9] Rodde/Boldt, IPA, Integrierte Projektabwicklung in der Praxis, C.H. Beck, Vahlen, 2024, S. 59 ff.

2.2 Partnerschaftliche Ansätze

entsprechenden Vertragstyp im BGB gäbe.[10] Letzteres hätte die Konsequenz, dass für den Mehrparteienvertrag keine gesetzlichen vertragstypischen Pflichten gelten würden und die Parteien daher eine weitreichende Regelungsfreiheit besitzen würden. Diese Ansicht ist jedoch abzulehnen.

Vielmehr ist der Mehrparteienvertrag tatsächlich – und nur darauf kommt es rechtlich an – eine Allianz der Auftragnehmer mit dem Auftraggeber. Damit ist er im Grunde ein klassischer Gesellschaftsvertrag wie er in §§ 705 BGB ff. definiert ist, da alle Projektpartner auf Augenhöhe Beteiligte des Projekts sind und jeder einen Beitrag zum Projekterfolg schuldet sowie für Risiken haftet und unternehmerische Chancen bezogen auf das Gesamtprojekt nutzen kann. All dies sind zweifelsohne typische Eigenschaften von Gesellschaftern. Die Qualität der Projektleistung wird zudem als Conditions of Satisfaction ebenfalls gemeinsam festgelegt. Dies alles entspricht den Voraussetzungen des Vertragstyps einer Gesellschaft bürgerlichen Rechts, gem. §§ 705 ff. BGB. Es bleibt weder Raum für die Annahme, dass der Vertragstyp Gesellschaftsvertrag hier nicht passen würde, denn er passt genau, noch für die Anwendung des Werkvertrages, da dieser gekennzeichnet ist von den typischen Beteiligten, die entweder Besteller oder Unternehmer sind, vgl. § 631 BGB. Im Allianzvertrag sind alle Partner Unternehmer eines gemeinsamen Projekts, also ist es ein Gesellschaftsvertrag. Die Beiträge zum Projekt werden auf der Grundlage des Dienstvertrages gem. § 611 BGB erbracht, sodass kein Raum für die Anwendung werkvertraglicher Vorschriften, insbesondere Abnahme und Gewährleistung ist.

Dieses Ergebnis passt jedoch nicht zu der werkvertraglichen Erwartung eines Auftraggebers im Hinblick auf Gewährleistung, Erfolgshaftung und Kündigungsmöglichkeiten. Um dieses für den Auftraggeber aber essenzielle Risiko und Anliegen dennoch abzudecken und auch von ggf. steuer- und haftungsrechtlichen Nachteilen einer gesellschaftsvertraglichen Lösung wegzukommen, wird von Befürwortern des Mehrparteienvertrages die Rechtsqualität eines Vertrages eigener Art, also eines Vertrages „sui generis", reklamiert. Das bedeutet, weder Gesellschaftsrecht noch reines Werkvertragsrecht sollen anwendbar sein. Sondern eine Mischung aus beidem. Hierüber wurde bereits viel geschrieben, rechtlich überzeugend ist es jedoch nicht. Im deutschen Rechtssystem sind Verträge eigener Art die absolute Ausnahme, weil das Gesetz mit vorgegebenen Vertragstypen arbeitet, die zwingend von den Gerichten zu beachten sind.

Mehrparteienverträge bergen für alle Beteiligten oft ungeahnte Risiken, denn die Regelungen werden in Bezug auf Haftungsfragen einer gerichtlichen Überprüfung nicht Stand halten. Der Bauherr als Mitgesellschafter hat keine Gewährleistungsansprüche gegen seine Mitgesellschafter, die Planer oder Unternehmer

---

[10] Siehe Warda, a. a. O.

sind. Er haftet selbst für Mängel mit, wie auch die einzelnen Unternehmer jeweils in Haftungsbeziehung zueinanderstehen. Dies ist Folge des gesetzlichen Vertragsrechts wie es hierzulande verankert ist.
In den angloamerikanischen und in skandinavischen Rechtssystemen ist dies genau umgekehrt. Dort gibt es kaum gesetzlich vorgegebene Vertragsarten, weil das Privatrecht dort keine oder nur sehr rudimentären Rahmen für Verträge definiert. IPA- Mehrparteienverträge aus angloamerikanischen Vorlagen lediglich zu übersetzen und zu übernehmen, wäre daher vergleichbar mit dem Versuch, einen Mangobaum auf den Hängen der Zugspitze zu pflanzen und auf Früchte zu hoffen. Es wird nicht funktionieren, weil die Umgebung nicht passt. Das BGB mit seinen Vertragstypen ist der zu beachtende gesetzliche Rahmen, über den sich die Parteien eines Allianzvertrages nicht hinwegsetzen können. Er ist die gegebene rechtliche Grundlage und Gerichte sind verpflichtet, das Gesetz anzuwenden, auch wenn Parteien neue Überschriften für ihre Vertragsgestaltungen finden und gerne neue Vertragsarten in Deutschland ansiedeln möchten. Die im Privatrecht vorgegebenen gesetzlichen Vertragstypen sind bindend. Auf Überschriften kommt es nicht an, sondern nur auf den Inhalt.

Nachteile des IPA-Mehrparteienvertrag als Gesellschaftsvertrag für Auftraggeber
- Keine gesetzlichen Gewährleistungsrechte, keine Erfolgshaftung nach Werkvertragsrecht innerhalb der Gesellschafter, diese schulden maximal die Tätigkeit im Sinne des Dienstvertrages, gem. § 611 BGB. Bei Vorliegen der Voraussetzungen könnten allenfalls Schadensersatzansprüche erwachsen.
- Projektpartner können den Vertrag ordentlich kündigen, während das Werkvertragsrecht dem Auftragnehmer die ordentliche Kündigung verbietet. Der Ausstieg eines Gesellschafters könnte den gesamten Projektablauf enorm gefährden, da die zu erwartenden Konflikte zwischen den Gesellschaftern ggf. existenzbedrohend für das Projekt wären.
- Kein gesetzlich verbrieftes Anordnungsrecht des Auftraggebers
- Kein einseitiges Leistungsbestimmungsrecht. Die Qualität des Bauwerks wird im Rahmen der Conditions of Satsfaction gemeinsam festgelegt

Nachteile des IPA- Mehrparteienvertrag als Gesellschaftsvertrag für Auftragnehmer
- Kein gesetzlicher Anspruch auf Nachtragsvergütung, da kein Bauvertrag
- Kein gesetzlicher Anspruch auf Vergütung von Mehrfachplanung, da kein Werkvertrag
- Kein gesetzlicher Anspruch auf Abschlagszahlung, da kein Werkvertrag

2.2 Partnerschaftliche Ansätze 25

- Kein gesetzlicher Anspruch auf Bauhandwerkersicherung, da kein Bauvertrag
- Kein gesetzlicher Anspruch auf Mitwirkung des Auftraggeber, da kein Werkvertrag
- Kein Schadensersatzanspruch bei fehlender Mitwirkung des Auftraggebers, da kein Werkvertrag
- Kein Bauzeitennachtrag, da kein Werkvertrag

2.2.3 Bewertung IPA und Mehrparteienvertrag

Pluspunkte
- Der IPA Ansatz ist klar partnerschaftlich, arbeitet integrativ und ist durch den Einsatz von Lean Construction Methoden grundsätzlich im Bereich der Ausführung kollaborativ angelegt.
- Die herkömmliche Fragmentierung der Projektabwicklung wird aufgebrochen, indem die wesentlichen Projektbeteiligten bereits sehr frühzeitig in die Projektentwicklung einbezogen werden und es nur noch drei Projektphasen gibt.
- Die Auswahl des richtigen Teams, also der Menschen, die das Projekt tatsächlich umsetzen werden, erfolgt im Rahmen von Assesments und Workshops. Damit sollen die richtigen menschlichen Weichen für eine gelingende Zusammenarbeit gestellt werden.
- Der Preiskampf soll vermieden werden durch eine realistische Festlegung des Budgets (Zielkosten), welches im Rahmen von Workshops gemeinsam ermittelt wird, nachdem die Bedarfsanalyse erfolgt ist und das Projektziel klar formuliert ist.
- Das Vergütungssystem ist gerecht und nicht preisgetrieben, sondern basiert auf Kostenerstattung plus Gewinnzulage. Risiken werden gemeinsam getragen und Haftungen beschränkt.
- Von Anfang an, werden IPA Projekte mit einem klaren Konfliktmanagementsystem ausgestattet, welches es den Partnern erlaubt, Konflikte möglichst frühzeitig und kooperativ zu lösen.

Durch den bewussten Einsatz der Lean Philosophie und von Lean Construction Werkzeugen ist eine wirtschaftlichere und verbesserte Zusammenarbeit möglich, die Raum für Innovationen und Qualitätsverbesserungen wie auch einen verantwortlichen und konstruktiven Umgang mit Fehlern bietet.

Insgesamt ist diese Form der Projektabwicklung partnerschaftlich und kollaborativ aufgesetzt. Durch vorgesehene Workshops und Coachings werden alle Projektbeteiligten in dieser besonderen Form der Projektabwicklung geschult und unterstützt.

Ungelöste Probleme des IPA Ansatzes

In der IPA werden verschiedene Core Teams, Manager Teams und Leadership Teams gebildet, bei denen auch der Bauherr teils als gleichberechtigter Partner integriert ist. Fraglich ist, ob sich der Bauherr mit dieser Rolle identifizieren kann, muss er als einziger Partner am Ende das Werk doch bezahlen und es nutzen bzw. verwerten.

Der teilweise Haftungsausschluss für Fehler bei der gemeinsamen Planung erscheint sinnvoll in besonders komplexen Aufgabenstellungen wie etwa bei Sonderbauten. In Bereichen der kleinen und mittleren Projekte haben wir es zwar auch mit Prototypen zu tun, aber die Auftraggeberseite darf hier durchaus einen bestimmten Werkerfolg erwarten. Die planenden und ausführenden Projektpartner nun im Rahmen eines Mehrparteienvertrages teilweise aus der Haftung zu entlassen, erscheint angesichts der klaren gesetzlichen Erfolgshaftung[11] im Werkvertragsrecht unpassend. Darüber hinaus ist fraglich, wie die ausführenden Unternehmen mit der Übernahme von unkalkulierbaren Risiken umgehen, denn sie müssen ggf. für Gewerke und Unternehmen mithaften, auf die sie selbst ggf. keinen Einfluss haben.

Der partnerschaftliche und kollaborative Aspekt der Zusammenarbeit wird in der IPA vertraglich vorgeschrieben und durch Assements bei der Bildung von Teams sowie im Rahmen von Onboarding-Workshops umgesetzt. Dabei wird jedoch übersehen, dass man die Kollaborationsfähigkeit eines Partners nur bis zu einer gewissen Grenze im Vorfeld bestimmen kann, denn das Zusammenspiel aller ist Kollaboration und diese ist stets gruppendynamischen Prozessen unterworfen, die im Vorfeld nicht erprobt werden können. Auf dieses Problem hat die IPA keine Antwort und baut durch die Assesments eine Scheinsicherheit auf, statt für die gute Zusammenarbeit während der gesamten Projektabwicklung zu sorgen, etwa indem projektbegleitende Mediatoren eingesetzt werden.

Für die partnerschaftliche Projektabwicklung wesentlichen Aspekte wie gute Kommunikation und Kollaboration müssen im Projektalltag präsent sein und als Haltung möglichst von der Gesamt-Projektführung vorgelebt und von projektbegleitenden Mediatoren unterstützt werden. Dieses mediative Element haben IPA-Projekte noch nicht integriert.

Ein weiterer kritischer Punkt ist die Frage des Nachunternehmereinsatzes. Die IPA-Projektpartner haben alle ein Assessment durchlaufen und begegnen sich auf

---

[11] § 631 BGB schreibt die Erfolgshaftung vor, die Marktteilnehmer dürfen daher damit rechnen.

2.2 Partnerschaftliche Ansätze

Augenhöhe als Partner. Sobald Nachunternehmer zum Einsatz kommen, müssten die partnerschaftlichen Eigenschaften auch für diese gelten. Da diese Leistungserbringer meist nicht Partner des Projekts werden, entsteht hier eine kulturelle Kluft im Projekt. Bei den Nachunternehmern geht es nach wie vor um den Preis und nicht ums Projekt. Die Problematik des Nachunternehmereinsatzes wird in der IPA Vertragsgestaltung gesehen und dadurch gelöst, dass kritische Aufgaben grundsätzlich durch IPA-Partner selbst ausgeführt werden müssen. Sollten Nachunternehmer eingesetzt werden, so muss die Allianz zustimmen. Soweit sich IPA Partner im Wege der Eignungsleihe gem. § 47 V VGV, § 6 d EU Abs. 4 VOB/A die Expertise von Nachunternehmern zuschreiben lassen, wird die sog. Nachunternehmerkette verboten.[12] Damit sind zunächst klare Regelungsrahmen gesetzt, die aber gleichzeitig auch die Gefahren aufzeigen, nämlich, dass Nachunternehmer hier eben nicht unbedingt partnerschaftlich arbeiten müssen und dadurch möglicherweise die gut gedachte Kollaboration konterkarieren. Das umfangreiche Partnering zu Beginn des IPA-Projekts kann sich dann letztlich im Bereich der Umsetzung nicht entfalten.

Resümee

Die IPA im Modell des Mehrparteienvertrages ist aufgrund der relativ komplexen Organisationsstrukturen, der komplizierten Vertragsgestaltung sowie des damit verbundenen Aufwands vor allem für besonders große, komplizierte und technisch anspruchsvolle Projekte gedacht. Das durchgängige Funktionieren dieses Ansatzes ist im Hinblick auf die Einbettung in das deutsche Rechtssystem zweifelhaft und die Partnerschaftlichkeit kann beim Einsatz von Nachunternehmern nicht durchgehalten werden. Darüber hinaus bezieht sich der IPA- bzw. Mehrparteienansatz aktuell nicht auf ein klar nachhaltiges Wirtschaften, sondern es geht bei der Ermittlung des Projektziels und des Budgets doch meist wieder um den Preis.

Ein gelungener Transformationsprozess sollte Projektabwicklung so verändern, dass sie nachhaltiges Wirtschaften zum Ziel hat. Der Lean-Construction-Ansatz, der in IPA-Projekten meist verfolgt wird, ist zwar per se ein Ansatz für besseres Wirtschaften und mehr Effizienz. Er verfolgt aber nicht ausdrücklich auch Ziele der nachhaltigen Entwicklung.

---

[12] Rodde/Boldt, IPA, Integrierte Projektabwicklung in der Praxis, München 2024, S. 85–89.

2.3 Der Weg zu einer konsequent integrativen, kollaborativen und partnerschaftlichen Projektabwicklung

Die erforderliche Kehrtwende hin zu einer neuen tatsächlich wertschöpfenden Projektabwicklungskultur kann nur gelingen, wenn nicht nur einige wenige Großprojekte ggf. partnerschaftlich abgewickelt werden, sondern wenn eine kritische Masse konsequent partnerschaftlich, integrativ und kollaborativ arbeitet. Dies zu ermöglichen, bedarf es einer grundlegend neu gegriffenen und transformierten Projektabwicklung.

Die Grundlage der Überlegungen bildet die in IPA und Lean Projekten sowie Partneringprojekten angedachte gute Zusammenarbeit, die durch Lean Methoden und verbesserte Kommunikation erreicht wird. Partnerschaftliche Projektabwicklung kann aber nur wirklich gut gelingen, wenn auch die folgenden weiteren Rahmenbedingungen erfüllt sind:

- Werteorientierte Führung
- Nachhaltige Wertschöpfung
- Faire und klare Vertragsgestaltung
- Integrative und kooperative Verhandlungs- und Entscheidungsprozesse
- Projektinterne Mediatoren von Anfang an
- Transparentes Echtzeitinformationsmanagement

2.3.1 Werteorientierte Führung

Auch in den partnerschaftlichen Projektabwicklungsmodellen wird vor allem Projektmanagement, Projektleitung oder Projektsteuerung eingesetzt. Dies sind alles Managementaufgaben. Sie betreffen den Einsatz von Methoden zur besseren Organisation der Arbeit und zur Erreichung einer verbesserten Qualität. Eine projektübergreifende Gesamt-Führung der Projektpartner ist dabei oft nicht vorgesehen. Um ein gutes Klima der Zusammenarbeit zu schaffen, gegenseitiges Vertrauen entstehen und wachsen zu lassen, ist eine kontinuierliche werteorientierte Führung erforderlich, die die Partner ermutigt, motiviert und die Werte des Projekts lebendig werden lässt. Dies kann in einzelnen Projektworkshops, die im Rahmen von partnerschaftlichen Projektabwicklungen stattfinden, nicht erreicht werden. Denn die Aufgaben in psychologischer und kommunikativer Hinsicht sind zu

2.3 Der Weg zu einer konsequent integrativen, kollaborativen und ...

vielfältig und bedürfen der permanenten Präsenz einer Gesamt-Projektführung der Menschen im Projekt auf Augenhöhe, deren Grundlagen demokratische Einbeziehung, Kommunikation, Vertrauen und Ermutigung sind.

2.3.2 Nachhaltige Wertschöpfung

Nicht nur die wirtschaftliche Effizienz durch Vermeidung von Verschwendung ist für den Projekterfolg wichtig, sondern eine grundsätzliche Umstellung auf ein wertschöpfendes Wirtschaften. In Zukunft wird sich Wirtschaften nicht mehr nur darin auszeichnen, den besten Preis zu bekommen und dafür möglichst viele Ressourcen auszubeuten, sondern bei immer knapper werdenden Ressourcen muss ein achtsamer Umgang mit den Ressourcen zu einer gerechten und wertschöpfenden Verteilung derselben führen. Daher sind alle Prozesse auf nachhaltige Wertschöpfung durch interessengerechtes und verantwortliches Denken und Handeln auszurichten.

2.3.3 Faire und klare Vertragsgestaltung

Die Mehrparteienverträge zeigen bereits, dass es an der Zeit ist, die bisher branchenweit üblichen Vertragsgestaltungen zu verändern. Eine Abrechnung nach dem Selbstkostenerstattungsprinzip zzgl. Wagnis- und Gewinnzuschlag ist der richtige Weg. Ebenso wie insgesamt auf die Vereinbarung der VOB/B verzichtet werden, denn sie ist unfair und daher konfliktträchtig. Dieses Klauselwerk ist durch eine grundlegend andere Vorgehensweise zu ersetzen, die zu einer klaren, fairen und lebendigen Vertragsgestaltung führt.

2.3.4 Integrative und kooperative Verhandlungs- und Entscheidungsprozesse

Die Prozesse einer gelingenden Projektabwicklung sind auf gut funktionierende Verhandlungs- und Entscheidungsprozesse angewiesen, denn diese sind ihr Motor. Wie bereits gezeigt, laufen in der herkömmlichen Projektabwicklung diese Prozesse oft nicht rund, vor allem, weil Verhandlungen kompetitiv geführt und dabei einseitige Informationsvorteile zur Befriedigung von Eigennutzinteressen führen. Zudem wird nicht werteorientiert oder sachgerecht verhandelt, sondern vielmehr preis- und angstgetrieben. Mit dieser Verhandlungsstrategie lässt sich aber weder aktiv Wertschöpfung noch nachhaltige Ressourcenverteilung und Vertrauen generieren. Die herkömmlichen Strategien demotivieren und führen zu schlechter Qualität, hohen Preisen und meist auch zu Konflikten. Daher ist die Verhandlungsform grundlegend zu ändern und durch integratives und kooperatives Verhandeln und ebensolche Entscheidungsprozesse zu ersetzen.

2.3.5 Projektinterne Mediatoren von Anfang an

Neben einer Projektführung, die klar auf Augenhöhe mit den Projektpartnern agieren soll und das Wohl des Projekts als Ganzes verkörpert und unterstützt, bedarf es noch eines ausgleichenden Elements. Das sind projektinterne Mediatoren nach dem Vorbild der Projektabwicklung des Terminal 5 London Heathrow. Dort waren von Anfang an 120 Mediatoren im Einsatz. Diese werden gebraucht, damit individuelle und gruppendynamische Lernprozesse im Sinne einer konstruktiven Kommunikation gelingen können ebenso wie für die professionelle Integration aller wesentlichen Interessen in Verhandlungs- und Entscheidungsprozesse. Nur wenn mediativ vorgegangen wird, besteht die Chance der fairen Einbeziehung.

Daneben sind Projektabwicklungen stets geprägt von Situationen, in denen Interessenkonflikte zwischen den Partnern bestehen. Hier werden projektinterne Mediatoren gebraucht, um sofort vermittelnd tätig zu werden, damit es nicht zu einer Ausweitung von Konflikten kommt. Dem sollte zudem schon durch obligatorische mediativ begleitete Verhandlungssituationen vorgebeugt werden, denn dann ist ein projektinterner Ort institutionalisiert geschaffen, an dem Interessenkonflikte selbstverständlich bearbeitet werden. Dies wäre ein wertvoller Beitrag zur Konfliktprävention.

2.3.6 Transparentes Echtzeitinformationsmanagement

Wissen ist Macht. Partnerschaftlichkeit findet nur auf Augenhöhe statt. Daher sind Machtungleichgewichte soweit es geht in der Projektabwicklung zu vermeiden. Ein wesentlicher Hebel hierfür ist die Informationspolitik eines Projekts. Werden Informationen nicht in Echtzeit geteilt, dann werden Partner abgehängt und ausgeschlossen. Dies führt zu Verunsicherung, Misstrauen und Demotivation. Dies wiederum gefährdet den Projekterfolg. Daher sind Informationen zum Projekt allen Partnern in Echtzeit zugänglich zu machen und diese sind auch mit verantwortlich zu dafür zu machen, wesentliche Informationen einzuholen und ebenfalls zu teilen.

Hinweis

Weshalb es der genannten Stellschrauben bedarf, damit partnerschaftliche, kollaborative und integrative Projektabwicklung wirklich gelingen kann, wird noch deutlicher in den Kap. 3, 4, 5 und 6 dargestellt. Auf dem ersten Blick zu erkennen ist bereits, dass es sich um Themen handelt, die der Fairness und damit auch der Stressreduktion dienen. Denn unfaire Bedingungen, die nicht zu beeinflussen sind, werden als Stress erlebt und setzen einen Teufelskreislauf des Versagens in Gang. Dem kann durch deutliche Verbesserung der Rahmenbedingungen entgegengewirkt werden. Das sind die Transformationshebel für eine neue und erfolgreiche Form der Projektabwicklung.

Literatur

Eschenbruch, K., Projektmanagement und Projektsteuerung für die Immobilien- und Bauwirtschaft, 5. Aufl., Hürth 2021

Forbes/Ahmed, Lean Project Delivery And Integrated Practices In Modern Construction, Routledge, 2. Aufl., 2020

Fiedler, M., (Hrsg.) Lean Construction – Das Managementhandbuch, Wiesbaden, 2018

Girmscheid, G., Projektabwicklung in der Bauwirtschaft – prozessorientiert, Wiesbaden, 5. Aufl. 2016

Hagsheno/Budau/Lippl, Ursachen für die zurückhaltende Anwendung alternativer Projektabwicklungsmodelle in der deutschen Bauwirtschaft, 2019

Hübler, M., Die Führungskraft als Mediator, Wiesbaden, 2020

Lange, J. (Hrsg.) Wertorientierte Führung in Theorie und Praxis, Wiesbaden 2021

Leupertz, S., Die Vertragsabwicklung mit BIM-Mehrparteienvertrag,. 2019

Montada, L. & Kals, E., Mediation – Lehrbuch für Psychologen und Juristen, Weinheim, 2013

Mosey, Collaborative Construction Procurement and Improved Value, Wily, 2019

Scharmer, O., Essentials der Theorie U, Grundprinzipien und Anwendungen, Heidelberg, 2019

Schirmer, U. & Woydt, S., Mitarbeiterführung, 3. Aufl. Wiesbaden, 2016

Warda, Die Realisierung von Allianzverträgen im deutschen Vertragsrecht, Baden-Baden, 2020

Rodde/Boldt, IPA, Integrierte Projektabwicklung in der Praxis, München, 2024

Denken, Führen und Kommunizieren 3

Zusammenfassung

Der Mensch ist für den Erfolg eines jeglichen Projekts von entscheidender Bedeutung. Werden Projektbeteiligte – wie es in der herkömmlichen Projektabwicklung systembedingt vorkommt- erheblichem Dauerstress ausgesetzt und sind sie in angstbehafteten Denkrahmen gefangen, so hat dies automatisch negative Auswirkung auf den Erfolg des Projekts und zwar für alle Beteiligten. In diesem Kapitel werden die wichtigsten psychologischen und sozialen Hintergründe hierzu beleuchtet.

Der Mensch ist ein Wesen, das denkt, fühlt und handelt. Die ganzheitliche Betrachtung des Menschen ist ein wesentlicher Transformationshebel für die Projektabwicklung.

Im Rahmen meiner Forschung habe ich unter anderem qualitative Experteninterviews mit Persönlichkeiten aus allen Bereichen der Projektabwicklungspraxis durchgeführt. Darunter waren Bauherren, Architekten, Fachplaner, Projektsteurer, Juristen, Lean Management Experten, IPA-Experten, Baubetriebler sowie Vertreter der Bauindustrie. Dabei konnte ich feststellen, dass der Leidensdruck der Projektbeteiligten – insbesondere auf der Auftragnehmerseite – immens ist. Alle wünschen sich nichts sehnlicher als eine sinnvolle, faire und auskömmliche Form der Projektabwicklung. Weshalb es hierzu in erster Linie menschlicher Veränderungsprozesse bedarf, wird nachfolgend skizziert.

3.1 Denken ist meist unterbewusst

Der Mensch denkt, fühlt und handelt. Denken ruft Emotionen hervor und diese beeinflussen wiederum das Denken und Handeln. Mit dem hier angesprochenen Denkvorgang ist das schnelle schematische und bewertende Wahrnehmen, Denken und Fühlen gemeint, nicht ein bewusstes Nach- oder Vorausdenken, welches ein langsamer und energieaufwändigerer Vorgang ist. In den meisten Situationen denken wir nicht bewusst nach, bevor wir handeln, sondern automatisch. Unser Gehirn und die wesentlichen Nervenbahnen, die den Körper durchziehen, greifen auf abgespeicherte Muster und Denkrahmen zurück, die der schnellen Bewertung einer Situation dienen. Diese Schablonen sind mit unterschiedlichen Kriterien gefüllt: Erfahrungen, Traditionen, Erlerntes, eigene und fremde Glaubenssätze und vieles mehr. Manches haben wir in der Kindheit erlebt und gespeichert und ziehen es auch im Erwachsenenalter noch immer unterbewusst als Bewertungs- und Handlungsmaßstab heran. Dieses unterbewusste Gedächtnis ist immens und über seinen Speicherinhalt haben wir kaum Kontrolle.

Alle Themen, denen wir Aufmerksamkeit schenken, egal ob positive oder negative, werden gespeichert und beachtet. Jede Beachtung führt zur Verstärkung. So werden wir individuell geprägt. Denkmuster werden körperlich verankert und führen zu einer Verfestigung derselben. Dadurch kann es bei einer ähnlich gelagerten Situation zu einer viel schnelleren Reaktion kommen. Dies rettet in Gefahrensituationen ggf. Leben. In der herkömmlichen Projektabwicklung haben sich bei vielen Beteiligten schematische Denkvorgänge des Misstrauens, des Kampfes und der Konkurrenz manifestiert und sind zur Gewohnheit, also zur automatischen Antwort auf Reize geworden. Diese automatischen Reiz-Reaktions-Abläufe sind enorm schnell. Unser Körper ist ein äußerst leistungsfähiger informationsverarbeitender Organismus, der mit seinen Millionen Nervenzellen mehr als 10 hoch 7 Bit pro Minute Informationen aufnimmt, bewertet und verarbeitet. Hiervon kommen nur ca. 100/bit pro Minute ins Bewusstsein.[1]

Um eine Transformation der Kultur der Projektabwicklung zu vollziehen, müssen wir die automatischen Reaktionen unterbrechen und stattdessen das gewünschte kooperative Denken und Handeln fördern.

Dies ist ein schwieriges Unterfangen, denn unser Nervensystem ist ein sich selbst organisierendes und selbststeuerndes System, das nur deshalb so gut funktioniert, weil es der unterbewussten Steuerung unterliegt. Würden wir jedes Mal darüber nachdenken, bevor unsere Organe, Muskeln und Nerven arbeiten, würden

---

[1] Vgl. Kreggenfeld, U., Erfolgreich Systemisch verhandeln, 2021, S. 180 f.

3.1 Denken ist meist unterbewusst

wir nicht lange am Leben sein, weil wir reelle Gefahren zu spät als solche erkennen würden. Schematisches oder automatisches Denken und Vorgehen sind also wesentliche Überlebensstrategien, können dann aber nachteilig sein, wenn die Voreinstellungen nicht (mehr) passen oder es nicht nur ums Überleben geht. Künftig geht es etwa darum, die im Laufe der Zeit entstandenen gegenseitigen Vorurteile der Projektbeteiligten in den Hintergrund zu drängen und die für eine partnerschaftliche Projektabwicklung wesentlichen Werte und Handlungsweisen bewusst zu machen. Dabei ist es selbstverständlich in einem komplexen und lebendigen System nicht möglich, Überzeugungen, Einstellungsänderungen und Handlungsänderungen bei Menschen mit einem ganz genauen Output entstehen zu lassen. Das wäre manipulativ und moralisch nicht vertretbar und ist nur Demagogen wirklich möglich.

Aber es ist möglich, eine Umgebung zu schaffen in der sich Menschen frei und wertschätzend begegnen können. Damit ist ein wesentlicher Schritt getan, um bewusst zu denken und schlechte Angewohnheiten durch gute zu ersetzen. Denn die schlechten Angewohnheiten im Zusammenhang mit der Projektabwicklung, seien es destruktive Kommunikation oder auch „satanische Verhandlungskunst", stören die Kollaboration, die Partnerschaft wie auch das Integrieren aller wesentlichen Interessen.

In einem vitalen Ökosystem der wertschätzenden Zusammenarbeit haben diese alten Angewohnheiten keinen Platz und können verschwinden. Dies gelingt in einer von Wertschätzung und Diversität basierenden Zusammenarbeit. Hierfür ist die entsprechende Projektkultur notwendig. Diese entsteht nicht von selbst, sondern muss immer wieder im Bewusstsein der Projektbeteiligten aktualisiert werden, bis diese zur guten Gewohnheit wird. Wenn diese bewusst bevorzugt werden, können sie zur Gewohnheit und damit allmählich zum Schema werden. Dies ist für die Zukunft einer nachhaltigen und partnerschaftlichen Projektentwicklung außerordentlich wichtig, denn es gibt so viele Denkfallen,[2] denen wir ständig aufsitzen, wenn wir uns nicht bewusst machen, wie unser Gehirn arbeitet. Gleichzeitig kann klares, kreatives Denken erlernt werden.

Konrad Lorenz hat uns mit seinem Dilemma der Kommunikation auch das der Verhaltensänderung eindrücklich mit folgenden Worten beschrieben:

gedacht ist nicht gesagt,
gesagt ist nicht gehört,
gehört ist nicht verstanden,
verstanden ist nicht gekonnt,

---
[2] Dobelli, R., Die Kunst des klaren Denkens, München, 2011.

gekonnt ist nicht gewollt (einverstanden)
einverstanden ist nicht angewandt
angewandt ist nicht beibehalten

Es ist also ein langer und rekursiver Prozess der Verhaltensänderung, der mit dem Denken, Fühlen und Wollen der einzelnen Menschen und der Menschen als Gruppe in der Projektabwicklung einhergeht. Dieser kann nicht ohne Führung in die gewünschte Richtung gehen. Für die Transformation der Projektabwicklung ist daher eine Führung elementar, die in der Lage ist, eine kooperative und partnerschaftliche Kultur der Projektabwicklung zu etablieren und aufrecht zu erhalten.

Am besten geeignet für eine solche Aufgabe sind Leader mit Achtsamkeits- und Mediations kompetenz. Im Rahmen der Mindfulness wird der Raum zwischen Reiz und Reaktion gesucht und genutzt, um bewusstes Denken, Fühlen und Handeln zu ermöglichen. Der Ansatz der Achtsamkeit, wendet sich bewusst dem Sinn und Zweck einer Situation zu und verfolgt konsequent den Weg der Stressreduktion. Mediation ist der Weg des gegenseitigen Verstehens als gelebter Prozess.

3.2 Soziale Verbundenheit als Schlüssel

Die Selbstbeeinflussung der Denk-, Emotions-, und Handlungsrahmen ist erst möglich, wenn wir uns bewusst mit uns und unserem Denken, Fühlen und Handeln auseinandersetzen. Zugang zu dem lebendigen Denken erlangen wir in einem Zustand der Balance. Die von Steven Porges entwickelte Polyvagaltheorie belegt ausgehend vom Vagusnerv, weshalb diese Balance der entscheidende Ausgangspunkt zu einer selbstbestimmten Weiterentwicklung des Menschen ist. Der Vagusnerv ist der wichtigste Nerv des Autonomen Nervensystems (ANS) und entscheidend beteiligt bei den komplexen Vorgängen der Selbstentwicklung. Der Vagusnerv verfügt über sensorische und motorische Bahnen, die vom Stammhirn ausgehen und von dort alle Organe des menschlichen Körpers erreicht. So nimmt er Zustände der Organe wahr und reguliert sie, ist für Mimik, Stimme, Hören mitzuständig, ebenso wie er Wahrnehmungen mitinterpretiert. Eine gute Projektorganisation muss eine für den Parasympathikus positive Umgebung schaffen, damit die Menschen entspannt und gleichzeitig achtsam und konzentriert arbeiten können.

Das ANS ist Bezugspunkt unserer Befindlichkeit und der emotionalen Gestimmtheit. Es hat sich im Laufe der Evolution von einfachen zu immer komplexeren Strukturen und Systemen entwickelt. Das älteste dieser neuronalen Systeme ist

3.2 Soziale Verbundenheit als Schlüssel

aktiv, wenn sich Menschen in ausweglos lebensbedrohlichen Situationen befinden. Es führt dann zur Starre. Muskeln, Herzschlag Atmung werden gedrosselt, der Mensch kann sogar kollabieren. Diese Schreckstarre ist Teil eines uralten Überlebensprogrammes und entspricht in der Tierwelt dem Totstell-Reflex zur Irreleitung eines Fressfeindes.

Das zweitälteste System ist aktiv, wenn sich Menschen in einer nicht ausweglosen Gefahrensituation wähnen. Dann wird der Ausweg mit aller Kraft gesucht. Dazu wird der Körper in höchsten Alarmzustand versetzt. Herzschlag und Atmung werden beschleunigt, Muskeln werden hyperton, die Sinneswahrnehmung wird selektiv. Verdauungsvorgänge werden augenblicklich eingestellt. Dies ist die Vorbereitung auf eine kraftvolle Reaktion. Es geht um Kampf- oder Flucht. Dieses System dient dem Schutz des Lebens. Tiere haben dieses System auch und können nachdem die Situation vorbei ist leicht wieder in den Normalzustand zurückkehren. Menschen dagegen können sogar in diesen Reaktionen stecken bleiben. So kann es zu Dauerstress und Burnout kommen, auch wenn die lebensbedrohlichen Situationen längst vorbei sind.

Das jüngste neuronale System wird von Porges als „System für soziale Verbundenheit" bezeichnet. Es dient dazu, dass sich Menschen „menschlich" verhalten. Die hier zuständigen Neuronen sind bei der Geburt noch nicht ausgereift. Der Reifeprozess findet im Erleben der frühen Bindungen statt. Die Aktivierung des jüngsten neuronalen Systems bildet die Voraussetzung dafür, dass ein Mensch klar und planvoll denken, sich einfühlsam, fürsorglich und liebevoll verhalten kann und zu spiritueller Reifung motiviert ist. Diese menschlichen Fähigkeiten werden in der Projektabwicklung benötigt, soll sie partnerschaftlich und kollaborativ ablaufen. Eine Selbstentwicklung der einzelnen Partner in diesem Sinne ist also nicht nur für diese persönlich, sondern gerade auch für das Gelingen der partnerschaftlichen Projektabwicklung von entscheidender Bedeutung.

Die drei beschriebenen Systeme sind im Menschen ständig aktiv. Sie nehmen Signale von außen und von innen wahr, entscheiden, ob eine Situation sicher, gefährlich oder lebensbedrohlich ist. Danach kommt es zur Aktivierung der entsprechenden neuronalen Schaltkreise. Neben angeborenen Automatismen spielen dabei lebensgeschichtliche Prägungen eine entscheidende Rolle. Ob eine Gefahr objektiv vorliegt, ist dabei unerheblich. Ein Mensch, der bei leisester Kritik etwa empört und aggressiv reagiert, erlebt sie als Bedrohung. Möglicherweise wurde er in seiner Kindheit häufig gemaßregelt, wenn er etwas falsch gemacht hat. Solche Prägungen können dann lebenslang als Grundmuster in die körperliche Konstitution eingeschrieben bleiben, wenn sie nicht bemerkt und bearbeitet werden, und verhindern so Entwicklungsmöglichkeiten.

Für die Selbstentwicklung bedeutet dies, dass wir intensiver mit unserer Körperlichkeit und den Emotionen in Einklang kommen müssen, um die gesunde und Sicherheit vermittelnde Verbundenheit mit der Welt zu erlangen. Im Zustand der sozialen Verbundenheit haben wir erst Zugang zu unserem ganzen Potenzial.

Werteorientierte ganzheitliche Führung und projektinterne Mediatoren sind in der Projektabwicklung daher notwendig, um diesen Rahmen der sozialen Verbundenheit und der psychologischen Sicherheit herzustellen. Daher wurden diese Rollen fest in die Ganzheitliche Projektabwicklung (siehe Kap. 7) integriert. Sie schaffen den erforderlichen sicheren Raum bei allen Kommunikationsprozessen und unterstützen die Partner dabei, in der Projektabwicklung echte soziale Verbundenheit zu erleben. Die so gestärkten Projektpartner sind dadurch in der Lage, ihre Aufgaben mit Gelassenheit in der notwendigen Konzentration und mit Freude zu erfüllen. Diese Art des Miteinanders ist dann als angstfrei zu bezeichnen, denn dort wo es eine soziale Verbundenheit gibt, herrscht Vertrauen und Angst hat keinen Platz.

3.3 Angst verstehen und gut damit umgehen lernen

Im Rahmen vieler Experteninterviews habe ich festgestellt, dass die meisten Projektbeteiligten herkömmlicher Projektabwicklungen vor allem davon gesprochen haben, wie angstbesetzt ihr Projektalltag ist. Diese Angst entsteht, weil sich die Menschen in der Projektabwicklung einigen Gefahren ausgesetzt sehen, die sie als bedrohlich empfinden. Folgende Ängste wurden in den Experteninterviews aus ihren unterschiedlichen Perspektiven auf der Auftragnehmerseite genannt:

Größte Angst in der Projektabwicklung Termine/Kosten/Qualität nicht einhalten zu können.

Weitere Ängste
- Angst vor Veränderung
- Angst Entscheidungen zu treffen
- Angst vor Haftung
- Angst vor Komplexität
- Angst vor Kommunikation
- Angst, Informationen Preis zu geben
- Angst vor Korruption
- Angst, niedergemacht zu werden
- Angst, über den Tisch gezogen zu werden
- Angst, verantwortlich zu sein

3.3 Angst verstehen und gut damit umgehen lernen

Angst kommt in verschiedenen Dimensionen bei der Projektabwicklung vor, weil die herkömmliche Projektabwicklung tatsächlich teils auch wegen unfairer Verträge bedrohliche Situationen schafft, die mit enormen Unsicherheiten einhergehen. Die Ängste der Projektpartner sind also nicht etwa krankhaft, sondern oft sogar die adäquate Antwort auf die oft kriegerische Wirklichkeit im Projektalltag.

Angst ist ein Grundgefühl, das sich in bedrohlich empfundenen Situationen als Besorgnis äußert. Auslöser können dabei erwartete Bedrohungen sein.[3] Angst wird in der Alltagssprache auch häufig mit anderen Gefühlsregungen verwechselt oder vermischt, etwa mit der Scham, etwa, weil etwas nicht gelungen ist, mit dem Misstrauen[4] oder mit einer hohen psychischen Anspannung bei der Bewältigung einer gefahrenträchtigen Situation.

3.3.1 Funktionen der Angst

Evolutionsgeschichtlich hat die Angst eine wichtige Funktion als ein die Sinne schärfender und Körperkraft aktivierender Schutz- und Überlebensmechanismus, der in tatsächlichen oder auch nur vermeintlichen Gefahrensituationen ein angemessenes Verhalten (Kampf- oder Flucht) einleitet.[5] Diese Aufgabe kann sie nur erfüllen, wenn weder zu viel Angst das Handeln blockiert noch zu wenig Angst reale Gefahren und Risiken ausblendet. Eine Voreinstellung der Menschen, deren Grundlage eine ausbalancierte soziale Verbundenheit ist, führt zu einem gesunden Einsatz der Angst. Angst bei realen Gefahren zu empfinden ist funktional und sinnvoll. Permanente Alarmbereitschaft in der Projektabwicklung ist dagegen dysfunktional und führt zu latent vorhandenen Dauerkonflikten, in denen die aufgestaute Energie entladen wird.

Suchen wir aber stets nach Gefahren oder begeben wir uns in Situationen, die wir nicht beherrschen können, die sich wie ein Krieg anfühlen und sehen wir uns das Ganze nicht bewusst an, dann übernimmt die Angst mitunter das Regiment, angstbesetzte Denkmuster machen sich breit. Was sich erst noch ganz sinnvoll anhört, wie etwa das Thema Risikomanagement, bei dem es darum geht, Gefahren zu identifizieren, kann sich oft unbemerkt zu einem sich selbst erschaffenden angstgesteuerten System entwickeln. In einem solchen Fall ist die Angst Ursache der Gefahr und damit dysfunktional. Gleiches gilt, wenn der Angst auf der Grundlage

---
[3] Wikipedia, abgerufen am 03.11.2021 unter https://de.wikipedia.org/wiki/Angst.
[4] Siehe auch Hörlin, S., Figuren des Misstrauens, Konstanz, 2015.
[5] Siehe Abschn. 3.2.

dauerhaften Misstrauens und Konflikten eine übermäßige Bedeutung im Rahmen der Projektabwicklung zukommt und negative Auswirkungen auf die beteiligten Menschen hat.

3.3.2 Körperliche Reaktionen

Die **körperlichen Symptome der Angst** sind normale (also nicht krankhafte) physische Reaktionen, die bei (einer realen oder fantasierten) Gefahr die körperliche oder seelische Unversehrtheit, im Extremfall also das Überleben, sichern sollen. Sie sollen ein Lebewesen auf eine Kampf- oder Flucht-Situation vorbereiten:

- Erhöhte Aufmerksamkeit, Pupillen weiten sich, Seh- und Hörnerven werden empfindlicher
- Ein größerer Teil der weißen Haut des Augapfels wird sichtbar
- Erhöhte Muskelanspannung, erhöhte Reaktionsgeschwindigkeit
- Erhöhte Herzfrequenz, erhöhter Blutdruck
- Flachere und schnellere Atmung
- Energiebereitstellung in Muskeln
- Körperliche Reaktionen wie zum Beispiel Schwitzen, Zittern und Schwindelgefühl
- Hitze- oder Kälteschauer
- Blasen-, Darm- und Magentätigkeit werden während des Zustands der Angst gehemmt
- Übelkeit und Atemnot treten in manchen Fällen ebenfalls auf
- Absonderung von Molekülen im Schweiß, die andere Menschen Angst riechen lassen und bei dieser unterbewussten Alarmbereitschaft auslösen.

3.3.3 Kultur der Angst

Zu den sozialen Bedingungen von Angst zählen sowohl sozialstrukturelle als auch kulturelle Einflüsse. Die Emotionssoziologie gibt einige Hinweise auf solche Faktoren. Nach sozialstrukturellen Ansätzen sind insbesondere Machtdefizite für die Entstehung von Angst verantwortlich. Betrachtet man das Machtgefälle zwischen Auftraggeber und Auftragnehmer in herkömmlichen Projektabwicklungen, so ist

3.3 Angst verstehen und gut damit umgehen lernen

eine latent vorhandene Angst bei den Auftragnehmern nachvollziehbar. Kulturelle Theorien heben dagegen die Bedeutung von Emotionsnormen, d. h. soziale Regeln des Ausdrucks und Empfindens von Emotionen, hervor. Letzteres bedeutet, dass manche Kulturen eher zur Angst neigen und diese kultivieren als andere. Während beispielsweise in schweizerischen Projektabwicklungen eher Gelassenheit vorherrscht, haben wir es in Deutschland eher mit einer Kultur der Angst zu tun. Erklärt werden könnte dieses Phänomen mit Max Dehne, der die sozialen Bedingungen der Angst untersucht hat und auf sogenannte Einschätzungsdimensionen bezieht: Angst entsteht, wenn eine Situation in einer bestimmten Weise eingeschätzt wird – insbesondere entlang der Dimensionen betroffenes Identifikationsobjekt, Ungewissheit/Wahrscheinlichkeit und Kontrollierbarkeit. Sehen wir also, dass etwa die Realisierung des Projekts oder die der beauftragten Leistung aufgrund von zu frühem Projektstart, zu früher Ausschreibung, unfairen Risikoverteilungen in den Verträgen oder/und einem vorherrschenden Gegeneinander der Projektbeteiligten im Grunde ein überaus ungewisses und unkontrollierbares Unterfangen wird, so ist es nahezu konsequent, dass sich Angst bei den betroffenen Projektbeteiligten ausbreitet. Ändern wir die sozialen Bedingungen in der Projektabwicklung, so kann aus Angst eine Kultur der aufmerksamen Gelassenheit werden.

3.3.4 Lernprozesse

Die Projektpartner müssen sich der Angst entledigen. Dies gelingt nur, wenn eine soziale Verbundenheit hergestellt und gelebt werden kann. Hierzu können äußere Maßnahmen getroffen werden, die Sicherheit geben, Zusammenarbeit muss neu gedacht und organisiert werden und Prozesse wie auch rechtliche Rahmenbedingungen sind fair und transparent zu gestalten, sodass diese eine sichere und tragfähige Grundlage der Zusammenarbeit bieten.

Jeder Mensch bringt eine für ihn typische Angstdisposition mit, die sich aber schon ab dem Kleinkindalter und noch lebenslang durch entsprechende Lernprozesse erheblich verändern lässt. **Jede Art von Angst kann gelernt, aber auch verlernt oder zumindest in den Hintergrund gedrängt werden.**

Für die Projektabwicklung bedeutet dies, dass sichere Lernräume eröffnet werden müssen, die ein Verlernen übermäßiger Angst ermöglichen und gleichzeitig dafür geeignet sind, gute Gewohnheiten wie konstruktive Kommunikation, Verlässlichkeit, Aufrichtigkeit und Gelassenheit entstehen und wachsen zulassen.

3.4 Umgang mit Emotionen und Stress

Emotionen beeinflussen die Bewertung der Situation, in der sie auftreten und damit auch das Erkennen der eigenen Interessen und Handlungsoptionen.[6] Intensive negative Gefühle wie Angst, Scham, Wut, Neid, Ärger, Wut und Hass, treten in der Projektabwicklung auf und führen, wenn sie nicht bearbeitet werden zu Dauerstress und Versagen.

Angst kann wie im Abschn. 3.3 ausführlich gezeigt, entstehen, durch eigene Sorgen, Befürchtungen auch durch Bedrohungen von außen, wenn also in Verhandlungen etwa Drohstrategien verfolgt werden. Scham kann durch kritische Selbstbewertung oder durch die Beschämung anderer entstehen, etwa wenn die Leistung eines Partners vor versammeltem Team schlechtgemacht wird. Neid entsteht dagegen, wenn bezogen auf andere Personen die eigene Perspektive verliert. Ärger, Wut und Hass sind dagegen Abwehrreaktionen auf eigenes Fehlverhalten oder werden auch durch feindselige, ungeduldige, arrogante, empörte Reaktionen und Äußerungen von anderen hervorgerufen. Angst und Scham beziehen sich dabei vor allem auf die eigene Person, während sich Ärger, Wut und Hass gegen andere Personen und deren Verhalten richten.

All diese Gefühle und Emotionen kommen in der Projektabwicklung vor. In der herkömmlichen Projektabwicklung werden sie aber nicht adäquat bearbeitet und können so zu einem ernst zu nehmenden Störfaktor für das Projekt werden.

3.4.1 Emotionen regulieren

Gefühle bestimmen unsere Motivation, Kooperationsbereitschaft, Kommunikationsfähigkeit, Denkfähigkeit, Handlungsfähigkeit sowie unser Vertrauen. Sie werden im heutigen psychologischen Verständnis als ein komplexes Muster körperlicher und mentaler Veränderung verstanden. Das können physiologische Erregung, positive oder negative Empfindungen, kognitive Denkprozesse sowie Reaktionen im Verhalten als Antwort auf eine Situation sein, die als bedeutsam wahrgenommen wird. Im Vergleich zur Stimmung sind Emotionen spezifische Reaktionen auf spezifische Situationen, die von kurzer Dauer und intensiv sind.

Die Emotionsregulation besteht darin, zu erkennen, ab wann bestimmte Gefühle zu intensiv auftreten, zu lange andauern oder zu nicht mehr situationsadäquaten Reaktionen führen. Funktionale Strategien im Umgang mit Gefühlen

---

[6] Montada, L. & Kals, E., Mediation – Lehrbuch für Psychologen und Juristen, Weinheim 2013.

3.4 Umgang mit Emotionen und Stress

sind etwa die Akzeptanz, die Neubewertung und das Problemlösen, während dysfunktionale Strategien etwa die Unterdrückung von Emotionen, das Grübeln oder die Vermeidung durch Gefühllosigkeit sind.

Gerade in der harten Welt der Projektabwicklung, bei der vor allem Menschen aus dem technischen und juristischen Bereich die Kultur bestimmen, wird sehr häufig im dysfunktionalen Bereich mit Gefühlen umgegangen. Sie werden schnell als unsachlich und unerheblich dargestellt und tabuisiert. Damit bleibt oft als Ventil für die Menschen, die ja nun einmal die Emotionen haben, der Weg entweder in den Konflikt oder die Krankheit. In jedem Fall aber wird dadurch auch die eigentlich gewünschte sachliche Bearbeitung von anstehenden Themen beeinträchtigt.

Projektabwicklung muss im Rahmen der Verhandlungen Räume eröffnen, in denen Emotionen klar angesprochen werden dürfen und damit erst einmal akzeptiert werden. Emotionen sind einfach da. In einem zweiten Schritt muss es dann darum gehen, ob diese umgedeutet werden können. Dies kann im Wege einer Versöhnung, Vergebung oder auch der Problemlösung geschehen. Gute Projektführung versteht sich an dieser Stelle als Coach und kümmert sich um die Gefühle der Projektbeteiligten, um eine funktionale Emotionsbearbeitung zu ermöglichen. Dies ist wichtig, weil Emotionen die ersten Vorboten von Problemen sind. Ihre Warnfunktion sollte der Projektführung überaus wichtig und wertvoll sein. Denn sind Probleme und Konflikte frühzeitig erkannt, können sie auch schnell gelöst werden, bevor sie eine Gefahr für die Projektabwicklung werden. Die herkömmliche Projektabwicklung sieht leider meist keinen Platz für Emotionen vor, sodass diese unbearbeitet sehr schnell für das Projekt dysfunktional werden können.

3.4.2 Der Umgang mit Stress

Stress (Druck, Anspannung) ist eine psychisch und physisch hervorgerufene Reaktion, die durch einen spezifischen äußeren oder inneren Reiz entsteht. Der Reiz beinhaltet oftmals eine subjektive Bedrohung, die dazu führt, dass unser Körper in den Flucht- oder Angriff-Modus wechselt. Das bedeutet, der Körper fährt alle hierzu erforderlichen Systeme hoch und vernachlässigt alle anderen. Hierdurch wird er energiegeladen. Stress ist die körperliche Anpassung, die wir benötigen, um einer bedrohlichen Situation Widerstand zu leisten.

In der Projektabwicklung geht es normalerweise nicht um eine tatsächliche Bedrohung des Menschen in seiner physischen Existenz. Aber es geht in vielen Fällen um den Selbstwert der betroffenen Menschen. Etwas erscheint existenziell wichtig und wird durch eine Situation bedroht. Es geht um die soziale Existenzgefährdung. Die Angst vor dem sozialen oder wirtschaftlichen Tod, der Isolation oder Diskriminierung im gesellschaftlichen Nahfeld der Projektabwicklung. Oft ist dieser Stress auch das Ergebnis selbst veranlasster Konditionierung, die ihn als Statussymbol feiert oder aber auch von schlechten Angewohnheiten sowie überambitionierten Fehleinschätzungen im Zusammenhang mit Zusagen und Terminen.

Meist ist es so, dass nicht andere für den eigenen Stress verantwortlich sind, sondern jeder selbst. Denn die Situation wird im Rahmen der Projektabwicklung nur bedrohlich, wenn keine geeigneten Gegenmaßnahmen ergriffen werden. So könnten Zusagen mit Augenmaß getroffen und rechtzeitig nachgesteuert werden. Dies ist allerdings oft aufgrund der herkömmlichen Vertragsgestaltung in Planen und Bauen nicht möglich, sodass der Stress durchaus auch von außen bzw. systembedingt vorliegt. Hier gilt es, die vertraglichen Rahmenbedingungen so zu gestalten, dass weniger Stress aufkommt, etwa durch Weglassen verpflichtender unrealistischer Vertragstermine oder ebensolcher Budgetvorgaben. Ein solches Vorgehen ist der herkömmlichen Projektabwicklung fremd.

Der meiste Stress ist aufgrund ungünstiger Strategien mit dem Umgang von Stress auch selbst gemacht. Je weniger Angst und Bedrohung jemand fühlt, desto weniger Stress empfindet er. Hierzu ist es erforderlich, eine psychische Flexibilität und Resilienz zu besitzen, mit der man das Gefühl hat, auf alle Erlebnisse im Zusammenhang mit den Erlebnissen in der Projektabwicklung reagieren zu können und auch schwierigste Situationen in den Griff bekommen zu können.

Hierzu ist innere Sicherheit erforderlich, die im Zusammenhang mit einer erlebten sozialen Verbundenheit im Arbeitsalltag gefördert werden kann, aber nur bei jedem Partner selbst entstehen kann durch die Denkbeweglichkeit, Gelassenheit, Selbstliebe und ein sinnvolles bewusstes Stressmanagement.

Es gilt zwei unterschiedliche Arten des Stresses zu unterscheiden. Der Eustress, ist ein Stress, der durch positive Situationen hervorgerufen wird. Er erhöht die Aufmerksamkeit und Leistungsfähigkeit des Körpers, ohne Schaden anzurichten, denn am Ende steht Erfolg und Freude.

Von Disstress spricht man dagegen, wenn Stress von negativ empfundenen Situationen ausgelöst wird. Dieser Stress hat dann auch negative körperliche Auswirkungen, vor allem, wenn er dauerhaft und häufig empfunden wird und nicht kompensiert wird. Dazu kommt es, weil sich der Körper des gestressten Menschen dauerhaft in erhöhte Alarmbereitschaft versetzt. Die dabei aufgebaute Energie bleibt oft körperlich ungenutzt, es kommt in der Projektabwicklung ja weder zu einem echten Kampf noch zur Flucht. Diese angestaute Energie führt zur Übersäuerung des Körpers und kann diverse Erkrankungen hervorrufen, angefangen von Entzündungen, Schmerzen bis hin zu psychischen Erkrankungen. In dem Zustand des Disstress ist dann konzentriertes Arbeiten, Denken und Handeln nicht mehr möglich. In der Projektabwicklung ist es daher essenziell, dass dem Faktor Stress ausreichend Beachtung geschenkt wird und Möglichkeiten zum sinnvollen Umgang mit Stress und dem Abbau von angestauter Energie angeboten werden.

3.4.3 Empathie durch gewaltfreie Kommunikation

Negativen Emotionen und Stress bei den Projektpartnern können durch eine empathische und wertschätzende Gesprächskultur vorgebeugt werden. Das Parademodell der wertschätzenden und empathischen Kommunikation ist die gewaltfreie Kommunikation nach Marshall B. Rosenberg.[7] Hintergrund dieser Kommunikationsstrategie ist eine umfassend wertschätzende Haltung, den Menschen gegenüber, ohne die Empathie nicht möglich ist. Es geht um Empathie andern gegenüber wie aber auch um Selbstempathie. In der Projektabwicklung ist das Modell geeignet, sich wertschätzend und respektvoll den Projektpartnern gegenüber zu verhalten und zu äußern. Die gewaltfreie Kommunikation muss allerdings gelernt, geübt und gelebt werden, damit sie ihre volle Wirkung entfalten kann. Grob skizziert funktioniert gewaltfreie Kommunikation so: Mit der wertschätzenden und gewaltfreien Haltung, wird zunächst

- das Wahrgenommene angesprochen, also der Auslöser für eine Emotion möglichst wertfrei aus der Beobachterperspektive dargestellt.
- In einem nächsten Schritt wird ggf. gemeinsam mit dem Gesprächspartner herausgefunden, welche Emotionen oder Gefühle hier eine Rolle spielen. Diese Emotionen werden als vorhanden akzeptiert und nicht etwa argumentativ wegdiskutiert.
- In einem weiteren Schritt ist nun herauszufinden, aufgrund welcher fehlender Bedürfnisse sie entstanden sind. Negative Emotionen sind nämlich stets der Ausdruck unerfüllter Bedürfnisse. Wendet man sich den Bedürfnissen zu, die hinter den Emotionen stecken, so ist es möglich, Lösungen zu finden, die die Interessen und Bedürfnisse der Menschen integrieren.
- In einem letzten Schritt geht es dann um Lösungen, die zunächst Optionen darstellen, die Bedürfnisse aller Beteiligten zu erfüllen. Damit sind dann auch die negativen Emotionen bearbeitet und umgewandelt in positive.

Der Ansatz der gewaltfreien Kommunikation kann entweder im Dialog oder auch im Wege der Selbstreflexion oder in der Coaching-Situation umgesetzt werden.

---

[7] Rosenberg, M., Gewaltfreie Kommunikation, Eine Sprache des Lebens, Paderborn, 12. Aufl. 2016.

Bei der Gewaltfreien Kommunikation geht es stets darum, empathisch zu sein und einfühlsam zu kommunizieren. Dies ist eine probate Möglichkeit, des Umgangs mit Emotionen und führt zu einer positiven, weil wertschätzenden Kommunikation in der Projektkultur. Damit wird umfassend Stress reduziert, da durch eine emphatische Kommunikation frühzeitig dysfunktionaler Stress und negative Emotionen vermieden werden können.

In einer grundlegend neu gedachten und transformierten Projektabwicklung sollte daher die Gewaltfreien Kommunikation eingesetzt und gelebt werden.

3.5 Die Zusammenarbeit neu gestalten – Konsequent integrativ, kollaborativ und partnerschaftlich

Die Neugestaltung der Zusammenarbeit muss sowohl die Risiken aus den personen- und prozessbezogenen Bereichen verringern als auch die in der herkömmlichen Projektabwicklung bestehenden Ängste vermindern. Wenn die Partner Sicherheit und Vertrauen erleben, weil die Prozesse dem entsprechend gestaltet sind, wird es möglich, die Zusammenarbeit grundlegend zu verbessern.

Bausteine einer grundsätzlich kooperativen Projektabwicklung
Personenbezogene Kooperationsfaktoren
Kooperationseigenschaften:

- Kooperationsbereitschaft
- Kooperationsfähigkeit

Kooperationsbeziehung:

- Vertrauen
- Kommunikation
- Faires Miteinander

Prozessbezogene Kooperationsfaktoren
Projektkooperation

- Planungs- und Ausführungsqualität
- Planungs- und Bauzeit
- Kostendruck reduzieren

3.5 Die Zusammenarbeit neu gestalten – Konsequent integrativ, kollaborativ ...

Kooperationsgestaltung

- Lösungsorientierung
- Entscheidungskompetenz
- Konfliktbearbeitung
- Sinnstiftung
- Achtsamkeit/Mindfulness

Diese überblicksweise Zusammenstellung der wichtigsten Kooperationsfaktoren ist der Studie Kooperation BH-BA aus dem Jahr 2014 entnommen.[8]

3.5.1 Risiken aus den personen- und prozessbezogenen Bereichen

Die vielfach angesprochene Angst lähmt und sabotiert die kooperative Zusammenarbeit. Oft sind die genannten Ängste zurückzuführen auf reale Ängste vor bestehenden Risiken, die sowohl aus den Bereichen der personenbezogenen als auch aus den prozessbezogenen Kooperationsfaktoren resultieren.

Risiken herkömmlicher Projektabwicklungen
Personenbezogene Risiken

- Stockende und schlechte Zusammenarbeit aufgrund Misstrauens
- Wirtschaftliches Risiko wehen unzuverlässiger Projektpartner mit Eingennutzinteresse
- Gesundheitsrisiko aufgrund Drucks und mangelnden gegenseitigen Respekts
- Fehlerrisiko aufgrund Zuhaltens von Informationen

---

[8] Kooperation BH-BA, Österreichisches Forschungsprojekt: FFG-Programm/Instrument: F&E-Projekt Basisprogramm V. 8-2013 ENDBERICHT FFG Projektnummer 839985 eCall Antragsnummer 3587642 Kurztitel Kooperation BH-BA FörderungsnehmerIn ÖBV GmbH Bericht Nr. 2 Berichtszeitraum 01.04.2013- 31.03.2014 Bericht erstellt von Bettina Bogner.

- Haftungsrisiko aufgrund wechselseitigen Zuschiebens von Verantwortung für Fehler
- Manipulationsrisiko, wenn Kommunikation vor allem der eigenen Machtentfaltung dient
- Verlust der Verhandlungsmacht, wenn Augenhöhe von Auftraggeber nicht gewünscht ist

Prozessbezogene Risiken

- Fehlerrisiko durch zu viele Schnittstellen im Planungs- und Bauprozess
- Wirtschaftliche Risiken durch unfaire Preise, unrealistische Kosten und unklare Qualitäten
- Qualitätsrisiko durch mehrfach fragmentierte Planungs- und Bauprozesse, Innovationschancen bleiben ungenutzt, Nachhaltigkeitsaspekte werden vernachlässigt
- Manipulationsrisiko durch Ausnutzen von Informationsasymmetrien und intransparentem Informationsmanagement
- Verlust der Verhandlungsmacht durch unfaire Verträge
- Konfliktkostenrisiko durch mangelhaftes Konfliktmanagement und bewusstem Einsatz von Konflikten zur Durchsetzung einseitiger Forderungen
- Benachteiligungs-, Kündigungs- und Schadensersatzrisiko durch unfaire, komplizierte und unverständliche Verträge

Diese realen Gefahren führen völlig nachvollziehbar zu Ängsten bei den Projektpartnern.

3.5.2 Kollaborative Zusammenarbeit

Für die menschliche und kulturelle Transformation der Projektabwicklung kann sehr viel Positives getan werden, wenn die Art und Weise der Zusammenarbeit als grundlegend sichere, faire und wertschöpfende Situation von den Projektbeteiligten wahrgenommen wird. Ein wesentlicher Grundsatz für eine tatsächlich partnerschaftliche Projektabwicklung ist die Kollaboration. Unter Kollaboration wird das Handeln einzelner Teammitglieder im Sinne und zum Wohle der Gemeinschaft sowie des Projekts verstanden. Kollaboration ist als kommunikativ weiterentwickelte Kooperation zu verstehen.

3.5 Die Zusammenarbeit neu gestalten – Konsequent integrativ, kollaborativ ...

Durch die Kollaboration aller Projektbeteiligten soll das Projektziel erreicht werden, wie in Abb. 3.1. dargestellt. Zentral dabei ist, dass ein Gefühl für die gemeinsame Verpflichtung aller Projektbeteiligter gegenüber der Erreichung des Projekterfolges erzeugt wird. Zudem wird anhand des kollektiven Zieles für das Projekt eine gemeinschaftliche Projektkultur geschaffen. Damit ist also Kollaboration eine intensivere und ganzheitlichere Form der Kooperation. Diese soll für die Beteiligten einen sicheren und fairen Arbeitsrahmen gewährleisten, sodass der bisherigen Kultur der Angst der Nährboden entzogen ist. Einfach einen Schalter umlegen und von oben befehlen, dass ab sofort, keine Angst mehr herrschen soll, geht leider nicht. Menschen müssen erleben und erfahren, dass sich etwas geändert hat in der Art und Weise der Projektabwicklung. Daher ist zwar der kollaborative Ansatz auf jeden Fall sehr gut, es braucht aber mehr als diesen Ansatz zu Beginn des Projekts vorzustellen. Die Kultur der Kollaboration und des Miteinanders, muss getragen sein von einem Gemeinschaftssinn, den jeder Partner ausbilden kann bzw. muss, damit die Kollaboration tatsächlich funktioniert.

In Abb. 3.1. sind alle wesentlichen Bereiche dargestellt, die es im Sinne guter Kollaboration zu entwickeln und zu kultivieren gilt.

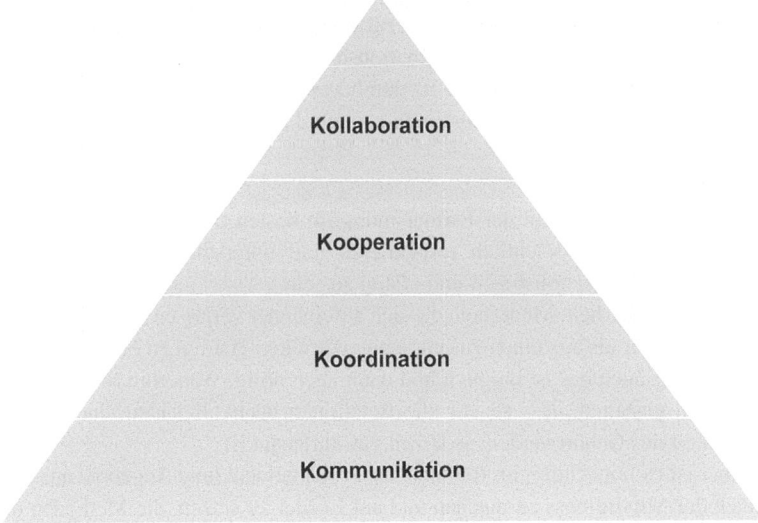

Abb. 3.1 Voraussetzungen für eine gelungene Kollaboration

3.5.3 Psychologische Sicherheit und Mindfulness

Ganz im Sinne einer mediativen Herangehensweise, ist danach zu fragen, was die am Projekt beteiligten Menschen brauchen, um gut zusammenzuarbeiten.
Wer Angst hat, braucht Sicherheit. Eine Lösung für die Frage, wie also Projektabwicklung gelingen kann, muss psychologische Sicherheit bieten. Dies beinhaltet, dass Risikobereiche nachhaltig entschärft werden, indem dort in Sicherheit investiert wird. Dies betrifft die Bereiche faire Vertragsgestaltung, faires, nachhaltiges Wirtschaften, ebenso wie Vertrauen.
Projektpartner brauchen Sicherheit auf allen relevanten Kooperationsebenen.

> **Die Sicherheitsbedürfnisse der Projektpartner können erfüllt werden durch:**
> - **Personenbezogene Kooperationsbeziehung**, z. B. durch vertrauensvolle Zusammenarbeit, angstfreie Kommunikation Personenbezogenen
> - **Kooperationseigenschaften**, z. B. durch zuverlässige und hilfsbereite Partner
> - **Prozessbezogener Projektkooperation**, z. B. durch klare und faire Verträge sowie transparentes Informationsmanagement
> - **Kooperationsgestaltung**, z. B. durch verantwortliche Entscheidungen, interessenausgleichende Verhandlungen und Konfliktbearbeitung

Schon bei der Auswahl der Partner muss am besten darauf geachtet werden, dass diese sich voraussichtlich respektieren und unterstützen werden, mithin grundsätzlich kooperationsbereit und –fähig zu sein.
Dies gibt Sicherheit. Menschen, die sich aufeinander verlassen können zu engagieren, ist besser als aus einen zusammen gewürfelten Haufen zu einem Team zu machen. Aber auch das ist möglich und dann auch nötig. Weiterhin Sind die Prozesse so zu gestalten, dass sie für alle Beteiligten nachvollziehbar sind und die Möglichkeit des Gehörtwerdens jederzeit gewährleistet ist.
Daher ist es notwendig, im Rahmen der Projektabwicklung Angebote aus dem Bereich der Mindfulness zu machen und auf Leader zu setzen, die Methoden der Mindfulness einsetzen und vorleben. Diese beginnen mit der Hinterfragung alter destruktiver Denkmuster und ebensolcher Rhetorik und dem Kennenlernen und Praktizieren konstruktiver Denk-, Handlungs- und Kommunikationsgrundsätze ganz im Sinne der fünf Innerdevelopment-Goals (IDGs):

1) Beeing – Relationship to Self
2) Thinking – Cognitive Skills
3) Relating – Caring for Others and the World
4) Collaborating – Social Skills
5) Acting – Enabling Change

„There is a pressing need to increase our collective abilities to face and effectively work with complex challenges:" www.innerdevelopmentgoals.org

Dieses Ziel verfolgt die IDG-Bewegung, die die Ideen des Mindful Business und des Mindful Leaderships an klar nachvollziehbaren Zielen für die persönliche und kollaborative Weiterentwicklung festmacht. Dieser Bewegung, die ihre erste Tagung im Jahr 2023 in Stockholm abhielt, haben sich bereits viele führende Unternehmen und Unternehmer weltweit angeschlossen. Die fünf Innerdevelopment Goals lassen sich hervorragend in die Projektabwicklung integrieren und geben insofern eine klare Orientierung mit einem immer weiterwachsenden Schatz an anwendungsorientierten Werkzeugen sowie weltweitem Erfahrungsaustausch. Mindful Business ist nicht nur individuelle Stressreduktion, die Mindfulness Methoden eigen sich vielmehr auch dafür, die Performance eines Teams und der Zusammenarbeit von Menschen erheblich zu verbessern. Die Methoden der Mindfulness sind daher unerlässlich für einen erfolgreichen Wandel in der Projektabwicklung.

3.5.4 Transformation der Projektabwicklung in ein wertschätzendes Ökosystem

Eine Lösung für die Projektabwicklung der Zukunft muss nach alledem vor allem auf menschlicher Ebene ansetzen. Es geht um die Art und Weise des Umgangs, die Kommunikation und die Kultur, die in den Prozessen lebendig wird. Technisch und auch im Bereich der Digitalisierung sind beste Voraussetzungen vorhanden, um Bauprojekte erfolgreich umzusetzen. Allerdings ist auf der Ebene der Zusammenarbeit, der Kommunikation und auch im Bereich der Nachhaltigkeit sehr viel Veränderungsbedarf im Sinne einer Umkehr zu einem fairen Miteinander und einer Abkehr von einem angstbesetzten Gegeneinander in der Projektabwicklung zu erkennen. Dem Ansatz des Mindful Leadership kommt hier mit den Werkzeugen der Innerdevelopent-Goals eine Schlüsselrolle für die notwendige Transformation zu.

Der später näher aufgezeigte Transformationsansatz heißt Ganzheitliche Projektabwicklung, weil nur ein ganzheitlicher Ansatz zu einer gelingenden Umkehr führen kann, wie in diesem Kapitel aufgezeigt wurde. Dieser Ansatz ist abhängig davon, dass ein Ökosystem der nachhaltigen Wertschätzung im Projekt entsteht und lebendig werden kann. Dieses ist abhängig von einer Führung, die auf Wertschätzung und Vielfalt basiert sowie davon, dass in den Kommunikations-, Verhandlungs- und Entscheidungsprozessen, Denkfallen umgangen werden, die bei Individuen und auch in konsensualen Gruppenentscheidungen auftreten. So ist etwa der Group-Think Effekt bekannt, der dazu führt, dass Gruppenentscheidungen oft mehr dem Erhalt der Gruppe dienen, als etwa dem übergeordneten Sinn und Zweck des Projekts.[9] Um diese Gefahr zu vermeiden, ist es erforderlich, dass kommunikative Gruppenprozesse und -entscheidungen mediativ begleitet werden, denn die neutralen Dritten sind nicht Teil der Gruppe und daher in der Lage, die Partner immer wieder auf das eigentliche Ziel des Projekts zu konzentrieren und durch Fragen dahin zu führen, ihre Entscheidungen so zu treffen, dass echte nachhaltige Einbeziehung und kritische Hinterfragung der Lösungsoptionen in einem kollaborativen Rahmen geschehen kann.[10] Nachhaltigkeit in einer komplexen Umgebung bedeutet, dass alle Beteiligten auf Augenhöhe agieren können und sich gegenseitig respektieren, es gilt eine Balance herzustellen. Dies gelingt nur durch mediative Begleitung der wesentlichen Prozesse des Projekts und einer achtsamen Gesamt-Führung des Projekts.

Literatur

De Bono, E., De Bonos neue Denkschule, München, 2002
Dehne, M., Soziologie der Angst: Konzeptuelle Grundlagen, soziale Bedingungen und empirische Analysen. Wiesbaden
Dobelli, R., Die Kunst des klaren Denkens, München, 2011
Forschungsbericht, F&E-Projekt Basisprogramm V. 8-2013 ENDBERICHT FFG Projektnummer 839985 egal Antragsnummer 3587642 Kurztitel Kooperation BH-BA FörderungsnehmerIn ÖBV GmbH Bericht Nr. 2 Berichtszeitraum 01.04.2013- 31.03.2014 Bericht erstellt von Bettina Bogner
Frankl, V., Kreuzer, F., Im Anfang war der Sinn. Von der Psychoanalyse zur Logotherapie. Ein Gespräch. Göttingen, 1991
Gomez/Probst, Die Praxis des ganzheitlichen Problemlösens, Stuttgart, 2007
Heinemann, M., Schöne neue Arbeitswelt, in/pact, Arbeitswelt der Zukunft, Mai 2022, S. 3–4
Hörlin, S., Figuren des Misstrauens, Konstanz, 2016
Hougaard, Rasmus, Mindful Business, 2018

---

[9] Dobelli, R., Die Kunst des klaren Denkens, 2011, S. 101 ff.
[10] Ibrom, S., Die Rolle der Mediation in demokratischen Entscheidungsprozessen, Baden-Baden, 2015.

Literatur

Ibrom, S., Die Rolle der Mediation in demokratischen Entscheidungsprozessen, Baden-Baden, 2015

U Kreggenfeld 2021 Erfolgreich systemisch verhandeln 2 Springer Gabler https://doi.org/10.1007/978-3-658-33906-7

Kreggenfeld, U, Erfolgreich systemisch verhandeln, Springer, Gabler, 2. Aufl. 2021

N Luhmann 2014 Vertrauen Ein Mechanismus der Reduktion sozialer Komplexität Stuttgart https://doi.org/10.36198/9783838540047

Luhmann, N., Vertrauen, Ein Mechanismus der Reduktion sozialer Komplexität, Stuttgart, 2014

Montana, L. & Kals, E., Mediation – Lehrbuch für Psychologen und Juristen, Weinheim, 2013

Narbeshuber, Ester und Johannes, Mindful Leader, 2019

Porges, S., Die Polyvagaltheorie und die Suche nach Sicherheit, Lichtenau, 2017

Porges, S. Klinische Anwendungen der Polyvagaltherapie, Lichtenau, 2019

Rosenberg, M., Gewaltfreie Kommunikation, Eine Sprache des Lebens, Paderborn, 12. Aufl. 2016

Rose, Theresa, Mindful Performance, How to Powerfully Impact Profitability, Productivity and Purpose, 2018

Warwitz, S., Sinnsuche im Wagnis. Leben in wachsenden Ringen. 2., er. Aufl., Baltmannsweiler, 2016

Wertschöpfung durch ganzheitlich transformierte Projektabwicklung

4

Zusammenfassung

Die Projektabwicklung ist der zentrale Wertschöpfungsprozess in Bauprojekten. Die Art und Weise der Projektabwicklung entscheidet daher über den wirtschaftlichen Erfolg oder Misserfolg. In Nachhaltigkeit und Innovation stecken wesentliche Wertschöpfungspotenziale, die durch die herkömmliche Projektabwicklung nicht oder nur sehr unzureichend genutzt werden. Diese können aber im Rahmen einer ganzheitlichen Transformation der Projektabwicklung umfassend gehoben werden. Die Bedeutung der Nachhaltigkeit in der Wertschöpfungskette von Bauprojekten ist enorm. Es geht nicht um Greenwashing, sondern darum, durch Qualität auf allen Ebenen, echte Werte zu schaffen, die für alle Beteiligten gewinnbringend sind und damit Vorteile für Investoren, Projektbeteiligte, Nutzer, Gesellschaft sowie die Umwelt bieten. Dies zahlt sich wirtschaftlich auf lange Sicht aus.

Wird seitens des Auftraggebers der Fokus sowohl auf Wirtschaftlichkeit als auch auf langfristige Nachhaltigkeit gelenkt, so können die Projektpartner in diesem Sinne inspiriert, gemeinsam innovativ und wirtschaftlich erfolgreich sein. Das bedeutet, dass innovative nachhaltige Lösungen im Projekt verwirklicht werden können, die auch gleichzeitig äußerst wirtschaftlich sind. Diese smarte gemeinsame Blickrichtung gibt den Projektpartnern Motivation. Es geht um Wertschöpfung durch messbaren Purpose wie ESG-Kriterien und um die achtsame Zusammenarbeit über die Entwicklung der Innerdevelopment-Goals (IDGs).[1] Die Rahmenbedingungen hierzu müssen vom Bauherrn vorgegeben werden, denn nur dieser kann den Purpose des Bauprojekts festlegen.

Klassisch wird der Projekterfolg am „magischen Dreieck" aus Kosten, Zeit und Leistung gemessen. In der Praxis kommt der Aspekt der Qualität der Leistung jedoch oft zu kurz. Bei der Vertragsgestaltung wird diese zwar definiert, etwa durch die Vorgabe bestimmter Standards oder die Definition der „Conditions of Satisfaction".[2] Hierdurch werden das Leistungssoll und das Vergütungsniveau bestimmt. Ein aktuelles Beispiel ist die Qualität des neuen einfachen Baustandards „Gebäudetypе". Qualitätsmaßstäbe sind schnell festgeschrieben, doch wenn der Bauherr feststellt, dass es ihn auf lange Sicht mehr Ärger bringt, am unteren Limit der technischen Qualität zu bauen, wird er während der Bauzeit möglicherweise umschwenken wollen auf ein zumindest mittleres technisches Niveau. In der herkömmlichen Projektabwicklung entstehen daher oft schon kurz nach Projektstart Dynamiken, bei denen es vor allem um Änderungen, Zeit und Kosten geht. Umplanungen und Änderungen lassen oft keinen Raum mehr für Gedanken an Qualität und Nachhaltigkeit, da auch Zeitprobleme zu einem übereilten und damit wenig umsichtigen Handeln zwingen. Optimierungen der Kosten werden dann oft nicht durch innovative und sinnvolle Lösungen erreicht, sondern klassisch durch Ausbeutung der (Nach-)Unternehmer oder von anderen Ressourcen. Das ausbeuterische Wirtschaften ist eine grundlegende Fehlentwicklung. Dies wurde bereits vor über 50 Jahren vom Club of Rome festgestellt. Es bedarf einer Versöhnung von Arbeitskraft, natürlichen Ressourcen und Kapital. Nur gemeinsam ist nachhaltiges Wirtschaften möglich.

Eine Transformation des wirtschaftlichen Denkens und Handelns ist dringend nötig. In den Wertschöpfungsprozessen der herkömmlichen Projektabwicklung findet dieser grundlegende und ganzheitliche Transformationsprozess bisher nur sehr verhalten statt. Zwar gibt es einzelne Themen, die im Sinne der Nachhaltigkeit vorangetrieben werden. Diese betreffen jedoch meist technische Lösungen. Die Wertschöpfungsprozesse der Projektabwicklung selbst werden bisher jedoch nicht nachhaltig weiterentwickelt. Nachhaltiges Bauen wird zwar unter dem Aspekt der CO_2-Bilanzierung, von Scope 1–3 sowie dem Lieferkettengesetz und ESG als zusätzliche Aufgaben der Immobilienwirtschaft wahrnehmbar. Sind die Prozesse der Projektabwicklung jedoch nicht offen und sensibel für diese Themen, entsteht sehr schnell „Greenwashing". Der Nutzen dieser neuen Vorgaben ist für Investoren und Auftraggeber nur dann auch ein wirtschaftlicher, wenn echte Nachhaltigkeitskultur gelebt wird.

---

[1] Näheres hierzu: www.innerdevelopmentgoals.org.
[2] Beim IPA Projekt wird die Qualität umfassender definiert und zwar auch gemeinsam von den Projektpartnern. Sie definieren die sog. Conditions of Satisfaction. Siehe Rodde/Boldt, a. a. O., S. 59 ff.

4.1 Werte tragen zu Wertschöpfung und Qualität bei

Die erforderliche neue Haltung, die zu einem ganzheitlich nachhaltigen Wirtschaften führt, ist noch nicht ins Bewusstsein einer kritischen Masse der Projektbeteiligten eingezogen. Die Prozesse der herkömmlichen Projektabwicklung sehen keine Routinen vor, die dieses Bewusstsein für nachhaltige Entwicklung und Wertschöpfung durch Innovation im Hinblick auf den Projekterfolg und die Zusammenarbeit fördern. Jeder ist sich selbst der Nächste. Ausbeutung und Ausnutzen von Machtpositionen in der herkömmlichen Projektabwicklung führen zu Konflikten statt zu tatsächlichen ökonomischen Erfolgen durch Synergieen und Kollaboration der Projektbeteiligten. Aus Nachhaltigkeitsgründen und weil die Ressourcen immer knapper werden, wird in Zukunft ein wirtschaftliches Angebot vor allem daran gemessen werden müssen, wie gerecht und verantwortungsvoll mit knappen Ressourcen umgegangen wird. Das System des ausbeuterischen Wirtschaftens ist inakzeptabel. Die notwendige Transformation bleibt aber aus, weil Bauherren oft diesen Punkt noch nicht im Blick haben und auch nicht wissen wie dies umzusetzen wäre. Es fehlt an Führung und Steuerung im Sinne nachhaltiger Prozesse.

Ganzheitlich sinngesteuerte Prozesse der Projektabwicklung, begonnen von der Planung über die Ausführung, Nutzung und den Rückbau müssen zur guten Gewohnheit werden, immer weiter transformiert und angepasst werden. Der Bedarf ist benannt durch gesellschaftliche Forderungen, gesetzliche Vorgaben oder durch Verträge. Dies ist der erste Schritt der Transformation.

Als nächster konsequenter Transformationsschritt muss die Steuerungsebene der Projektabwicklung transformiert werden. Hierzu müssen äußere und innere Ziele nachhaltiger Entwicklung tatsächlich in den Prozessen des Projekts sinnvoll verankert und gelebt werden, sodass diese zur Projektkultur werden. Es geht um Bewusstsein, Achtsamkeit, ESG und IDG. Dies kann mit einer ganzheitlichen und achtsamen Führung des Gesamt-Projekts gelingen.

Gerade der öffentliche Auftraggeber sollte Projektabwicklung ganzheitlich betreiben, da er als Autor diverser gesetzlicher Vorgaben zur Nachhaltigkeit mit gutem Beispiel vorangehen muss, vgl. Art. 20 a Grundgesetz der Bundesrepublik Deutschland.

4.1 Werte tragen zu Wertschöpfung und Qualität bei

Wirtschaften im Rahmen der Projektabwicklung und die Haltung dahinter muss ohne Wenn und Aber grundlegend neu gedacht werden, wollen wir verantwortlich und enkelgerecht handeln. Eine in diesem Sinne konsequent ganzheitliche Projektabwicklung stellt daher die Anforderungen der nachhaltigen Entwicklung in den Fokus. Nachhaltige Entwicklung liegt dann vor, wenn ausgewogene Wechselbeziehungen zwischen den drei großen Bereichen des Wirtschaftens ökologisch –

sozial und ökonomisch durch die beteiligten Menschen und in den zu steuernden Prozessen gelebt werden.[3] Der sinnvoll vernetzte Dreiklang aller Nachhaltigkeitsaspekte ist wesentlich für einen gelungenen Umkehrprozess. Dies wurde bereits im März 1972 von den führenden Experten des Club of Rome so formuliert: „**… dass der Mensch sich selbst und seine Ziele und Wertvorstellungen ebenso erforschen muss wie die Welt, die er zu verändern sucht. Beides erfordert nicht endende Hingabe und Anstrengung.**" [4]

Hieraus folgt bezogen auf die Projektabwicklung ein stetiges werteorientiertes verantwortliches und vernetztes Denken,[5] Verinnerlichen und Handeln im Sinne eines nachhaltigen Wirtschaftens der beteiligten Projektpartner. Der Wert des menschlichen Umgangs miteinander, die Ethik und auch der Wert der nachhaltigen Entwicklung müssen konsequent zum Leitbild und dann zu einer neuen Baukultur werden. Dies kann nicht einfach zu Beginn des Projekts einseitig vorgeschrieben werden. Die Umsetzung ist nur möglich durch die Entwicklung projektinterner Inner Development-Goals[6] und deren konkrete Umsetzung. Hierzu ist eine entsprechend achtsame Art der Führung nötig.

Bezogen auf die Projektabwicklung bedeutet dies, dass Aspekte der Qualität des Bauvorhabens neben technischen Anforderungen auch durch soziale, ökonomische und ökologische Anforderungen definiert sind, wie dies nunmehr etwa durch ESG-Bausteine für äußerlich und über IDG-Bausteine für innere Entwicklungen der konkreten Projektkultur umgesetzt werden kann. Die Realisierung von ESG und IDG Anforderungen ist Führungsaufgabe. Hierfür muss die Organisation des Bauprojekts ein entsprechendes Verantwortungs- und Rollenskript im Sinne einer Gesamt-Projektführung vorsehen.

Den Rahmen für die gemeinsame nachhaltige Wertschöpfung muss der Investor bzw. der Bauherr vorgeben und eröffnen. Dieser ist als Initiator des Bauprojekts in der Verantwortung, dass tatsächlich nachhaltige Wertschöpfungsprozesse im Sinne von ESG und IDG im konkreten Projekt stattfinden können. Daher sollte der kluge Bauherr für die erforderlichen Strukturen im Projekt ebenso wie für die personellen, zeitlichen und finanziellen Ressourcen sorgen, sodass nachhaltige Wertschöpfung tatsächlich betrieben werden kann. Die Wertschöpfung aus dem Projekt steht dem Investor bzw. dem Bauherrn zu. Daher setzt er ganz natürlich die Rahmenbedingungen, innerhalb derer die Wertschöpfung erfolgen soll. Der Bauherr besitzt die Definitionshoheit des Handlungsrahmens. Er kann nicht selbst nur den gerings-

---

[3] Siehe auch http://www.deutscher-nachhaltigkeitskodex.de.
[4] Zitiert nach Heuser, Uwe Jan, „Dürfen wir weiter wachsen?", die Zeit 02.03.2022.
[5] Siehe auch Vester, F., Die Kunst, vernetzt zu denken, 2019.
[6] Siehe näher: www.innerdevelopmentgoals.com.

ten Preis und Reduzierung der Erstellungskosten im Auge haben und andererseits nachhaltige und innovative Lösungen fordern. Gute und nachhaltige Qualität hat immer ihren angemessenen Preis.

4.2 Wie führen Werte zu einer Wertschöpfung?

Jede Projektabwicklung erschafft grundsätzlich ein eigenes Wertesystem, welches aus systemischer Sicht für die wesentlichen Steuerungsimpulse im Rahmen der Projektorganisation verantwortlich ist.[7]

Dies passiert bewusst durch Organisation und Führung und auch durch unbewusst ablaufende Prozesse. Machen sich die Projektbeteiligten keine oder nur wenige gemeinsame Gedanken über die sie steuernden Werte, dann können schnell aus Missverständnissen über unterschiedliche Erwartungen Dynamiken der Angst, des Eigennutzes, von Macht und Chaos entstehen. In komplexen Systemen der Zusammenarbeit ist es nämlich nicht nur eine Person, die relevante Steuerungsimpulse aussendet, sondern, in einem komplexen System sind es vor allem die Werte, der Sinn,[8] aber auch die damit zusammenhängenden Gefühle, die die Menschen bewegen.[9]

Werden die Projektbeteiligten dabei unterstützt, eine Reihe von Werten gemeinsam festzulegen, die für sie im Rahmen der Projektabwicklung gelten sollen, ist dies eine gute Grundlage für eine wertebasierte und im besten Fall auch nachhaltigen Wertschöpfung aller Beteiligten. In diesem Sinne werden Werte zu konkreten Impulsgebern wie auch zu Messkriterien für das gemeinsame Tun. In komplexen Steuerungssystemen wird also mit sinngebenden gemeinsam gelebten Rahmenwerten gearbeitet.

Lassen sich Werte so beschreiben, dass sie für alle Beteiligten einen tieferen Sinn ergeben, etwa gesellschaftliche Verantwortung, Frieden, Ressourcenschonung, faires Miteinander, faire Vergütung, nachhaltiges Wirtschaften, marktgerechter Preis, hohe technische Qualität, Einhaltung von Zusagen, Verantwortung durch Entscheidungen etc. und sieht sich jeder Projektpartner durch die Werte repräsentiert, dann ist eine wesentliche Grundlage für eine tatsächlich sinngesteuerte gemeinsame Wertschöpfung gelegt.

---

[7] Luhmann, N., Soziale Systeme, Grundriss einer allgemeinen Theorie, 7. Aufl. 1999.
[8] Siehe zu der überragenden Bedeutung des Sinns, auch: Frankl, V.,, Kreuzer, F., Im Anfang war der Sinn, 1991.
[9] Luhmann, N., Organisation und Entscheidung, 2006.

Voraussetzung für das Gelingen einer Steuerung durch Werte und Sinn[10] ist aber immer, dass alle Werte von allen Beteiligten tatsächlich anerkannt und gelebt werden. Wichtig ist hierbei, dass ein Grundkonsens zu den Werten entsteht, der für alle verbindlich ist und von allen akzeptiert und mitgetragen werden. Dies bedarf der werteorientierten Führung und ggf. auch der projektinternen Mediation.

Auf diese Weise kann jeder gewinnen was ihm wichtig ist. So sind dauerhaft Win-Win-Lösungen und damit Wertschöpfung im und durch das Projekt möglich.

Um diesen überaus sinnvollen wie wirtschaftlichen Handlungs- und Steuerungsrahmen bereitzuhalten, ist es erforderlich, dass aus dem Wertegrundkonsens ein Leitbild für das konkrete Projekt entwickelt wird, aus dem gelebte Projektkultur werden kann. Dies ist eine wesentliche Führungs- und Coachingaufgabe.[11]

4.3 Nachhaltige Wertschöpfung in den Prozessen der Projektabwicklung

Der Hebel zur Abkehr vom Wachstumswettlauf ist die wirtschaftliche Strategie der bewussten und nachhaltigen Wertschöpfung. Nachhaltiger Erfolg erfordert ein radikales Umdenken und bedarf eines ganzheitlichen Ansatzes.

Durch die Projektabwicklung soll grundsätzlich etwas Neues entstehen. Projektabwicklung beschreibt mithin einen kreativen Prozess sowie einen Prozess wirtschaftlicher Wertschöpfung sowohl für den Bauherrn, die späteren Nutzer wie auch für sämtliche Projektbeteiligte entsprechend ihres Beitrags zum Gelingen des Projekts.

Qualität hat ihren Preis, manches ist nur nicht bepreist, wie etwa Nachhaltigkeitsthemen. Wertschöpfung auf diesem Gebiet ist daher nur sehr schwer greifbar und zahlenmäßig erfassbar. Teilweise wird versucht, das Missverständnis, dass etwa die Natur geschenkt sei und keinen Preis habe, durch Vergleichspreise auszugleichen. Ressourcenverbrauch wird teilweise in der neuen CO_2- Dimension abgebildet. Auf diese Weise sichtbar gemachte Werte führen zum Erkennen und Messbarmachen der nachhaltigen Wertschöpfung in Projekten. Scope 1–3 Berechnungen sind hier ebenso sinnvolle Verfahren wie die Anwendung weiterer EGS Kriterien. Ebenso liegen soziale Aspekte der Nachhaltigkeit den nationalen oder europäischen Lieferkettensorgfaltspflichtgesetzen zugrunde und führen zu einer

---

[10] Pircher-Friedrich, Mit Sinn zum nachhaltigen Erfolg, 2019.
[11] Hübler, M., Die Führungskraft als Mediator, Mit mediativen Kompetenzen führen und Veränderungen begleiten, Wiesebaden, 2020.

4.3 Nachhaltige Wertschöpfung in den Prozessen der Projektabwicklung

nachvollziehbaren Qualität der Produkte im Sinne der Nachhaltigkeit. ESG-Kriterienkataloge und Tools für die Implementierung von IDGs in Organisationen sind wichtige praktische Ratgeber, wie diese gesetzlichen Leitlinien umgesetzt werden können. Sie müssen vom Projektstart an in die Projektorganisation implementiert und von der Projektführung kommuniziert, eingeführt, umgesetzt und überwacht werden. Auch wenn das eine oder andere der angesprochenen Gesetze ins Wanken gerät, weil es durch zu hohen Verwaltungsaufwand teils als Wirtschaftshemmnis gesehen wird, so ist der dadurch aufgezeigte wertebasierte Weg doch als wesentlicher Impuls in die richtige Richtung zu sehen, die noch angemessen auszubalancieren ist, um tatsächlich nachhaltig zu agieren.

> Die nachhaltige Wertschöpfung ist eng verbunden mit der Qualität des Prozesses der Projektabwicklung sowie mit der Qualität der Projektführung. Gute und sinngesteuerte Kommunikation und Zusammenarbeit zwischen den Projektpartnern lässt nachhaltige Qualität des späteren Bauwerks entstehen.

Der Erfolg eines Projekts hängt grundlegend davon ab, ob durch die Projektabwicklung tatsächlich umfassend nachhaltig Wertschöpfung betrieben wird. Das ist dann der Fall, wenn eine Balance besteht zwischen Zeit, Kosten und Qualität, die für alle Projektbeteiligten fair und akzeptabel ist. Nachhaltige Wertschöpfung erfordert klare Rahmenbedingungen wie Verträge, Pläne, Terminpläne und Prozesse, die Aspekte des nachhaltigen Wirtschaftens sind ebenso einzubeziehen wie die scheinbar weichen Faktoren einer guten Kommunikation und kollaborativen Zusammenarbeit.

Wert-Schöpfung heißt nämlich in Bezug auf die Projektabwicklung, dass zunächst in der Bedarfsermittlung wie auch in der Planung und Einbeziehung aller Projektbeteiligten ein kreativer, also ein schöpferischer Prozess stattfindet. Dieser Prozess ist kommunikativ und bedarf eines entsprechenden kreativitätsfördernden Umfelds, um umfassend hohe Qualität auch durch Innovationen zu erreichen. In jedem Schöpfungsprozess muss zu Beginn ein Verstehen, Beobachten, Synthetisieren, stattfinden, bevor Lösungen mehrfach iterativ erdacht werden. Integriert dieser Prozess auch technische, ethische und nachhaltige Aspekte, so ist er intensiv und voraussichtlich teuer. Dies muss sich im Wert des Bauwerks später ebenfalls niederschlagen, da ein solches Bauwerk aufgrund seiner hohen nachhaltigen Qualität im Entstehungsprozess automatisch weniger Kosten im Nutzungs- sowie im Rückbauprozess erzeugt.

Bei jedem dieser Schritte ist gute Kommunikation ein wesentlicher Erfolgsfaktor, denn es geht um menschliche Zusammenarbeit mit dem Ziel ein Bauwerk von hoher technischer und nachhaltiger Qualität zu errichten. Ein so entwickeltes Bauprojekt hat eine messbar höhere Qualität als allein das verbaute Material an dem Standort repräsentieren könnte. Diese auf den ersten Blick nicht sichtbare – weil in die Zukunft gedachte – Qualität muss einen Preis bekommen, damit sich an ihr auch der Projekterfolg messen lässt.

Im Sinne eines vernünftigen und sachgerechten Wirtschaftens ist die Qualität der Leistung als wichtigstes Erfolgsmerkmal eines Projekts zu verstehen, während die Merkmale Kosten und Zeit hierzu in einem sinnvollen Verhältnis stehen müssen. Daraus ergibt sich folgende Formel für nachhaltiges Wirtschaften:

Projekterfolg = Qualitätswert – Kosten: Zeit

Anmerkung: Der Qualitätswert versteht sich als Gesamtwert des fertigen Bauwerks, zusammengesetzt aus technischem, ethischen und nachhaltigen Werten.

Nachhaltiges Wirtschaften setzt also voraus, dass auch alle bisher unbepreisten nachhaltigen Werte und Qualitäten, die in die Gesamtqualität des Bauwerks einfließen mit einem Preis versehen und zum Wirtschaftsgut werden. Eine gute Orientierung zur Berechnung findet sich in den ESG-Kennzahlen und den dort enthaltenen Formeln zu den unterschiedlichen Aspekten der Nachhaltigkeit.[12]

Davon abgesehen hat sich in der Gemeinwohlwirtschaft ein Punktesystem herausgebildet, das den Wert der einzelnen Handlungen mit ethischen Punkten bepreist und somit den Wert der Qualität von Transaktionen oder Werken sichtbar macht.[13] Da wir in einer preisgetriebenen Wirtschaft leben, ist es sinnvoll, den nachhaltigen Werten und Qualitäten Preise zuzumessen und damit die tatsächliche Wertschöpfung, sichtbar und auf diese Weise marktfähig werden zu lassen.[14]

Zertifizierungen auch hinsichtlich der ganzheitlichen und werteorientierten Prozesse der Planung und Herstellung eines Bauwerks sind Möglichkeiten, den im Bauwerk befindlichen ganzheitlich nachhaltigen Wert zu dokumentieren und damit ebenfalls zu einer Wertsteigerung und -schöpfung beizutragen.[15]

Von Zertifizierern wie etwa der Deutschen Gesellschaft für nachhaltiges Bauen (DGNB) werden zwar bereits im Kern Nachhaltigkeitskriterien für das Bauen aufgestellt, die sich differenziert vor allem mit technischen Qualitäten befassen wie der ökologischen, ökonomischen, soziokulturellen, funktionalen, technischen

---

[12] Heger, Wolfram, 100 ESG-Kennzahlen, Wiesbaden, 2022.
[13] Felber, Ch., Gemeinwohlökonomie, 3. Aufl. 2018, S. 36 f.
[14] Clement/Kim/Torlauf, Nachhaltigkeitsökonomie, BWV, 2014, 156 ff.
[15] Ebenda, S. 161.

4.3 Nachhaltige Wertschöpfung in den Prozessen der Projektabwicklung

Qualität bis hin zur Standortqualität und auch der Prozessqualität.[16] Dies ist bereits ein großer Schritt in die richtige Richtung. Werte, die im Bauwerk stecken transparent zu machen und damit zur Wertschöpfung beizutragen. Die Kriterien sind in sich schlüssig, allein es fehlt ihnen noch ein ganzheitlicher Blick auf die Prozessqualitäten in Bezug auf Kommunikation, Einbeziehung und Partnerschaftlichkeit der Projektabwicklung selbst. Auf diese Weise kann – getrieben durch die Qualitätsvorgaben – ein umfassender nachhaltiger Wertschöpfungsprozess im Rahmen eines eigenen Marktsegments auch für alle Projektbeteiligten entstehen. Werden ESG und IDG Kriterien ernst genommen, dann geht es nicht um Greenwashing etwa im Stile des CO_2- Ablasshandels. Dieser greift ebenfalls die Emissionswerte als bepreiste Vorgänge in einem Projekt auf, aber Studien belegen, dass die zu erwerbenden CO_2 Zertifikate eben oft ohne Substanz sind[17] und kann damit gerade keine Maßnahme zur Verbesserung der Nachhaltigkeit in Wertschöpfungsprozesse darstellen. Die Auslagerung der CO_2-Verantwortung auf Zertifikate ist also teilweise verantwortungslos.

Nachhaltiges Bauen funktioniert nicht, indem man sich ein Zertifikat kauft, sondern nur wenn die definierten nachhaltigen Werte tatsächlich gelebt und erfüllt werden. Damit ist von den Projektbeteiligten und vor allem vom Bauherrn wirtschaftlicher und nachhaltiger Weitblick sowie detaillierte Umsetzungspraxis gefordert. Auf diese Weise können aus einem werteorientierten und ethischen Verhalten mittel- und langfristig Werte geschöpft und erhalten werden. Zertifizierte Gebäude sind mehr wert, wenn der zertifizierte Wert dem Gebäude tatsächlich innewohnt und nicht durch Kompensationshandlungen erreicht wurde. Um allerdings Alibi-Zertifizierungen zu vermeiden, bedarf es ggf. auch der Veränderung der Unternehmensorganisation des Bauherrn. Am besten gelingt dies, wenn dort eine Transformation vom Leitbild zur werteorientierten Unternehmensführung, einer werteorientierten Compliance und konsequent wertebasierten Führung[18] vollzogen wird. Diese wie auch die Führungsprozesse in der Projektabwicklung sind maßgebliche weitere Qualitätskriterien, die ihm Rahmen neuer Zertifizierungskriterien aufgenommen werden sollten.

---

[16] Siehe beispielhaft: https://www.dgnb-system.de/de/gebaeude/neubau/kriterien/index.php

[17] www.zdf.de Bericht vom 01.05.2024: CO_2-Projekte: Betrugsverdacht bei Klimaschutzprojekten
www.md.de/wissen/klimaschutz-illusion-neue-studie-ueber-co-zertifikate-zeigt-mehr-ablasshandel-asinnvollen-
abgerufen am 12.09.2024.

[18] Siehe zur Umsetzung: Lange, Jessica, (Hrsg.), Werteorientierte Führung in Theorie und Praxis, Springer, 2021.

Literatur

Clement/Kim/Terlau, Nachhaltigkeitsökonomie, BWV, 2014
Felber, Chr., Gemeinwohlökonomie, 3. Aufl, München 2018
Frankl, Viktor E.; Kreuzer, Franz, Im Anfang war der Sinn. Von der Psychoanalyse zur Logotherapie. Ein Gespräch, München 1991
Günther/Rutzer (Hrsg.) Grundsätze nachhaltiger Unternehmensführung, 2. Aufl., ESV, 2015
Gomez/Probst, Die Praxis des ganzheitlichen Problemlösens, Stuttgart, 2007
Heuser, Uwe Jan, „Dürfen wir weiter wachsen?", die Zeit 2.3.2022.
Hübler, M., Die Führungskraft als Mediator, Mit mediativen Kompetenzen führen und Veränderungen begleiten, Springer, 2020
Luhmann, N., Soziale Systeme, Grundriss einer allgemeinen Theorie, 7. Aufl. Frankfurt am Main, 1999
Luhmann, N., Organisation und Entscheidung, 2. Aufl. Wiesbaden, 2006
Pircher-Friedrich, Mit Sinn zum nachhaltigen Erfolg, Berlin, 2019
Scharmer, O., Essentials der Theorie U, Heidelberg, 2019
Spiegel, P., Eine bessere Welt unternehmen, München, 2011
Vester, F., Die Kuns, vernetzt zu denken, München, 2019
http://www.deutscher-nachhaltigkeitskodex.de
https://www.dgnb-system.de/de/gebaeude/neubau/kriterien/index.php

Die Schlüsselrolle der Mediation 5

> **Zusammenfassung**
>
> Für das Gelingen eines Projekts im nachhaltig wertschöpfenden Sinne ist es erforderlich, dass alle Projektpartner in einem optimalen Arbeitsrahmen eingebunden sind. Dies ist nur möglich, wenn alle Beteiligten das gleiche Verständnis von der Projektaufgabe und ihren jeweiligen Beiträgen – auch in Bezug auf den zeitlichen Gesamtprozess und die Dynamik der Projektabwicklung – besitzen. Hierauf aufbauend können Verantwortlichkeiten verbindlich festgelegt werden. Von selbst gelingt dies den Projektbeteiligten nur sehr schwer, auch wenn sie sich dies anfänglich vorgenommen haben. Erste Schwierigkeiten führen schnell zu Rückfällen in alte Konfliktverhaltensmuster. Um die Transformation der Projektabwicklung in eine echte partnerschaftliche Kultur zu ermöglichen, ist sowohl eine mediativ agierende Führung als auch eine mediative Prozessbegleitung erforderlich. Nur so können ganzheitliche Denk-, Kommunikations-, und Verhandlungsweisen unterstützt und trainiert werden, sodass diese zu guten Gewohnheiten der Projektpartner werden. Entscheidend für den Erfolg der Transformation sind daher fest in der Projektabwicklung verankerte – institutionalisierte – mediative Elemente.

5.1 Mediation ist der Weg des Verstehens

Den Projektbeteiligten fehlt oft das für die Zusammenarbeit erforderliche gegenseitige Verständnis und Vertrauen. Es ist unmöglich, Verständnis und Vertrauen zu verordnen, etwa im Vertrag oder durch die rechtliche Vorgabe einer Kooperationspflicht, die der BGH für Bauverträge festgestellt hat. Diese weichen Faktoren müssen erlebt und erfahren werden, um zu existieren. Die herkömmliche Projektabwicklung ist konfliktgeneigt, weil sie durch ein Misstrauen von Beginn an und ein allmählich wachsendes Gegeneinander gekennzeichnet ist. Ein institutionalisierter Prozess des Verstehens ist der Schlüssel zu Vertrauen und damit zu fairer und kollaborativer Zusammenarbeit und verlässlicher Übernahme von Verantwortlichkeiten.

Mediation nimmt als moderierter, strukturierter und integrativer Verstehensprozess eine Schlüsselfunktion bei der Transformation der herkömmlichen Projektabwicklung in eine erfolgreiche partnerschaftliche Kultur ein.

Verstehen ist ein rekursiver Prozess. Nur durch genaues Zuhören und Austarieren, was die andere Seite meint, entsteht allmählich ein gemeinsames Verständnis von der Gesamtsituation, bzw. Gesamt-Projektaufgabe und den genauen Nahtstellen. Dies ist ein zunächst langsamer Prozess, der dann aber aufgrund der gewonnenen Klarheit sehr viel Zeit spart, weil Aufgaben genau beschrieben und abgegrenzt sind und Konflikten durch ein gemeinsames Verständnis von der Projektaufgabe und den einzelnen Beiträgen vorgebeugt wird. Dieser Zeitinvest lohnt sich aber nach dem Pareto-Prinzip, denn alles was vor der Planung und vor der Ausführung gut verstanden ist, bedarf keiner Nachsteuerung und kostet damit in der Abwicklung deutlich weniger Zeit und spart die enormen Kosten der Nachsteuerung.

Dieser Verstehensprozess erfordert die Anwesenheit neutraler mediativ arbeitender Dritter, die die wichtigsten (Planungs- und Baustellen-) Gespräche und Verhandlungen moderieren, bzw. mediieren, sodass die Parteien von Anfang an den besten Weg der Zusammenarbeit gehen und diesen während der gesamten Projektabwicklung beibehalten können.

Für die erfolgreiche Projektabwicklung ist es wesentlich, dass alle Beteiligten ein gemeinsames Verständnis von der Projektaufgabe und ihren jeweiligen Beiträgen haben. Dies ist durch einen projektimmanenten und institutionalisierten mediativen Verständigungsprozess zu erreichen.

5.2 Erfolgreiche Projektabwicklung erfordert mediative Führung

Die Aufgabe einer Gesamt-Projektführung ist in der herkömmlichen Projektabwicklung nicht besetzt. Dort wird davon ausgegangen, es genüge, wenn der Vertrag bestimmte Kooperations- oder Kommunikationspflichten vorschreibe, um die Projektpartner zur Kollaboration zu bewegen. Das ist selbstverständlich so nicht möglich, denn Kooperation kann nicht von außen aufgezwungen werden. IPA-Projekte sehen daher diverse Führungsebenen vor. Diese bestehen jeweils aus Ver-

5.2 Erfolgreiche Projektabwicklung erfordert mediative Führung

tretern der unterschiedlichen IPA-Partner. Diese Gremien werden teilweise extern durch Moderation oder Coaching unterstützt. Eine Gesamtführung, die allein das Wohl und den Erfolg des Projekts im Sinn hat, gibt es aber auch bei IPA-Projekten nicht immer.

Wozu eine Gesamt-Projektführung?

In der Projektabwicklung kommen Menschen aus verschiedenen Organisationen zusammen, um gemeinsam ein Projekt abzuwickeln. Für den Erfolg des Gesamt-Projekts ist es unerlässlich, dass die Projektpartner und ihre Mitarbeiter bzw. auch Subunternehmer in ihrer Zusammenarbeit einheitlich bezogen auf das Projekt geführt werden. Dies bedarf einer mediativen Gesamt-Führung auf Augenhöhe, die die technischen und wirtschaftlichen wie auch die rechtlichen Verantwortlichkeiten bei den Partnern belässt, sich aber um alle weichen Faktoren und vor allem um ein gemeinsames Verständnis von der Projektaufgabe und den jeweiligen Beiträgen sowie Verantwortlichkeiten während der gesamten Projektdauer kümmert. Widerstreitende Interessen, Missverständnisse und unterschiedliche Ansätze zur Problemlösung werden den Beteiligten mediativ aufzeigt und so zu einer gemeinsam lösbaren Aufgabe. Auch in konfliktträchtigen Situationen wird stets nach sachgerechten Lösungen gesucht, die sowohl für das Projekt als auch für die Projektpartner vorteilhaft sind. Es gilt die partnerschaftliche Zusammenarbeit zu fördern, indem die einzelnen Partner ermutigt werden, ihr Bestes für das Projekt zu geben.

Das Gelingen ihrer Projektzusammenarbeit hängt davon ab, dass alle Beteiligten ein gemeinsames Verständnis vom Sinn, den Werten und der Qualität des Gesamt-Projekts bzw. der Bauaufgabe sowie der Zusammenarbeit haben und zur projektfördernden Mitwirkung motiviert sind. Der Blick auf das Gesamt-Projekt muss daher auf Führungsebene institutionalisiert und mit viel Geduld vorgelebt und aufrecht erhalten werden.

Es geht um einen stetigen Lernprozess, bei dem die Beteiligten alte Denk- und Handlungsmuster loslassen mit dem Ziel, eine nachhaltige und authentische Veränderung zu erreichen. Hier sind die Haltung und Werkzeuge der Mindfulness hilfreich. Mindful-Leader erschaffen eine neue Arbeitsatmosphäre, die Stress reduziert und Aufmerksamkeit und konzentriertes Arbeiten im Flow fördert. Weiterhin sollte die Gesamt-Führung in der Lage sein, die verschiedenen Interessen und Problemlösungsansätze gut zu moderieren und im besten Sinne für das Projekt zusammenzuführen. Hierzu sind vor allem mediative Fähigkeiten erforderlich. Dieser Ansatz ist bei Lean- und IPA-Projekten teilweise gesehen, aber nicht durchgängig in der erforderlichen Qualität präsent. IPA-Projekte bedürfen aufgrund ihrer hohen Komplexität ebenfalls unbedingt mediativer Elemente in den Führungsgremien und auch projektbegleitende Mediatoren.

5.3 Die Bedeutung der Mediation in Projekten

Der größte Transformationshebel ist die echte Partnerschaftlichkeit. Hierzu gehört eine neue kooperationsfreundliche und konstruktive Denk- und Handlungsweise, insbesondere im Bereich der Kommunikation im Rahmen der Zusammenarbeit wie aber auch bei Verhandlungen. Führungskräfte wie auch alle anderen Beteiligten werden im Zuge eines mittelfristig angelegten Transformationsprozesses immer wieder ganzheitliche Impulse für ihr Denken und Handeln benötigen, um tatsächlich integrativ, kollaborativ und partnerschaftlich Projektabwicklung betreiben zu können und bei Rückfällen in alte Handlungs- und Kommunikationsmuster sich damit auseinanderzusetzen, um wieder zum partnerschaftlichen Weg zurückzufinden. Dieser rekursive Prozess braucht Führung und mediative Impulse.

Vertragsmediation ist erforderlich. Integratives und interessenbasiertes Verhandeln ist ein Wesensmerkmal echter Kollaboration. Umgesetzt werden kann der Ansatz der nachhaltigen Wertschöpfung am besten, wenn Projektentscheidungen und die damit verbundenen Aufgaben von Anfang an ganzheitlich betrachtet werden. Dies wiederum ist am besten zu erreichen, wenn die Verhandlungen durch projektinterne Mediatoren im Rahmen sog. Deal-Mediation unterstützt werden. Auf diese Weise wird nämlich der notwendige Raum für eine konstruktive und dem Projekt dienliche Diskussion mit Perspektivwechsel und Einbeziehung wesentlicher Interessen, Willensbildung und Entscheidung eröffnet.[1]

5.3.1 Das Werkzeug der Mediation

Mediation ist ursprünglich bekannt als alternative Streitbeilegungsmethode, die auf dem Prinzip des interessengerechten Verhandelns basiert und das Ziel verfolgt, die Parteien dabei zu unterstützen, selbst eine tragfähige und wertschöpfende Konfliktlösung zu erarbeiten.

Mediation ist ein sehr empathischer und kooperativer Verständigungsprozess. Im Wege der Mediation entstehen gegenseitiges Verstehen und Verstandensein. Dies ist Grundlage für das Erarbeiten eines Gesamtverständnisses im Hinblick auf Beiträge und Verantwortlichkeiten bei Projekten der Bau- und Immobilienwirtschaft.

Das Besondere ist, dass Mediatoren, selbst keine Entscheidungsmacht besitzen und deshalb tatsächlich neutral sind. Sie strukturieren die Gespräche und achten darauf, dass die Parteien einen fairen und kooperationsfreundlichen Rahmen ein-

---

[1] *Ibrom*, Die Rolle der Mediation in demokratischen Entscheidungsprozessen, a. a. O., 2015, S. 288–294.

5.3 Die Bedeutung der Mediation in Projekten

halten und auch die Perspektiven der jeweils anderen Seiten verstehen können, um dann gemeinsam nach Lösungen zu suchen. Sie mischen sich nicht in Risikoverteilungen zugunsten irgendeiner Seite ein, wenn es etwa darum geht, Verantwortlichkeiten aufzuteilen. Mediatoren beleuchten lediglich die Situation genau, um die Parteien in die Lage zu versetzen, die Verantwortlichkeiten und den Umfang der jeweiligen Beiträge gemeinsam genau zu definieren und etwaige Probleme kooperativ und partnerschaftlich zu lösen.

Mediation kann daher als Element auch

- bei Teambildung und Führungsprozessen
- Vertragsverhandlungen (Deal-Mediation)
- Entscheidungsprozessen
- Konfliktmanagement

eingesetzt werden.

5.3.1.1 Die Prinzipien der Mediation

Prinzipien der Mediation
- Freiwilligkeit
- Allparteilichkeit und Neutralität der Mediatoren
- Vertraulichkeit
- Transparenz und Offenheit
- Informiertheit
- Ergebnisoffenheit
- Autonomie der Parteien

Zur Kooperation kann niemand gezwungen werden. Daher ist die Teilnahme an einem mediativ unterstützten Gespräch nur freiwillig möglich. Hieraus ergibt sich zwar ein gewisser Widerspruch, wenn mediative Instrumente in der transformierten Projektabwicklung institutionalisiert werden, denn dann mag im Zweifel die Freiwilligkeit im Moment der mediativen Intervention gering sein. Wichtig ist aber hier, dass die Parteien bewusst und freiwillig einer Projektabwicklung beigetreten sind, die ausdrücklich die Mediation institutionalisiert hat. In diesem Falle haben sich die Beteiligten dann bei Vertragsschluss freiwillig dazu verpflichtet, an den mediativ begleiteten Gesprächen konstruktiv teilzunehmen.

Mediatoren sind neutral und allparteilich, sie sind allen Partnern gegenüber wertschätzend und möchten grundsätzlich wertfrei alle Perspektiven kennen und verstehen lernen. Ihre Aufgabe ist es, dass gegenseitiges Verstehen und konstruktive Kommunikation unter den Parteien möglich wird. Dabei achten sie darauf, dass die Parteien ihre Denkmuster, Emotionen und Bedürfnisse erkennen und ihre Interessen formulieren sowie die Perspektiven der jeweils anderen Beteiligten verstehen können. Auf diese Weise unterstützen sie den Konfliktlösungsprozess und die Kooperation zwischen den Parteien wird wieder möglich.

Vertraulichkeit bedeutet, dass über die in der Mediation angesprochenen Themen geschwiegen wird. Sie sind keinem Gerichtsverfahren zugänglich. Die Schweigepflicht betrifft normalerweise sowohl die Mediatoren als auch die Parteien und alle anderen Personen, die in einem Mediationsverfahren involviert sind. Auf diese Weise kann das für die Kooperation erforderliche Vertrauen entstehen, weil die Inhalte der mediativen Gespräche nicht als Beweis vor Gericht dienen können.

Durch die Vertraulichkeit wird die für die Kooperation so wichtige Transparenz und Offenheit möglich. Wenn die Parteien sich in herkömmlichen Verhandlungen hinter Schutzbehauptungen und Bluffs verstecken, können sie nicht die relevanten Hintergründe der Konflikte aufdecken. Der Raum für Veränderung und Transformation der Projektabwicklung ist die Mediation der unterschiedlichen Interessen im Rahmen von Verhandlungen und Entscheidungsprozessen. Falls die Zusage der Vertraulichkeit einzelnen Beteiligten nicht ausreicht, besteht die Möglichkeit, Einzelgespräche mit den Mediatoren zu führen, die gesetzlich zur Verschwiegenheit verpflichtet sind. So gibt die mediative Vertraulichkeit den Projektpartnern Sicherheit, auch heikle Themen frühzeitig anzusprechen. In der Mediation sollen die Parteien schließlich informiert wissensbasierte Entscheidungen treffen. Das bedeutet, dass hierzu auch externe Informationsquellen zu Sach- und Rechtsthemen in Anspruch genommen werden müssen. Auf das Erfordernis der Informiertheit müssen die Mediatoren die Parteien hinweisen und dieses auch einfordern. Auf diese Weise wird verhindert, dass eine Partei, die mehr Verhandlungsmacht besitzt, die andere über den Tisch zieht. Grundsätzlich findet die Mediation als kooperatives Verfahren unter der Maßgabe der Ergebnisoffenheit statt. Bei Verhandlungen deren Ergebnis bereits feststeht, wird weder Kooperation noch Mediation gebraucht. Da in der Projektabwicklung häufig zwar ein Rahmen vergebenen ist, aber gerade durch die vielen Abweichungen von Plänen es zu kreativen und innovativen Entscheidungen kommt, ist Spielraum für Ergebnisoffenheit gegeben.

Das letzte wesentliche kooperative Prinzip der Mediation ist die Autonomie der Parteien. Sie werden alle Entscheidungen selbst treffen und diese nicht an Dritte wie etwa die Gerichte delegieren. Diese Haltung passt ganz genau für die Projekt-

5.3 Die Bedeutung der Mediation in Projekten

abwicklung, bei der die beteiligten Unternehmen ganz selbstverständlich eigene Entscheidungen treffen, nur eben in der konventionellen Projektabwicklung nicht im Sinne des Gesamt-Projekts. Mediative Unterstützung fördert Entscheidungen zu Gunsten des Projekts und aller Beteiligten.

5.3.1.2 Die Phasen der Mediation

Die Mediation verläuft in Phasen.[2] Die erste besteht darin, den kooperativen Rahmen herzustellen und die Parteien auf das Verfahren einzustimmen. Die grundsätzlichen Ziele, die Beteiligten und auch die Mediatoren werden einstimmig identifiziert und bestätigt. Die zweite Phase betrifft die Ermittlung der Themen sowie Zahlen, Daten und Fakten, gefolgt von der das Wesen der Mediation ausmachenden dritten Phase, nämlich die Erhellung von Hintergründen, Interessen und Bedürfnissen. Dieser Weg beschreibt einen tieferen Verstehensprozess, der von den Parteien – unterstützt durch die Mediatoren – vollzogen wird. Erst wenn gegenseitiges Verstehen – auch etwa von der Gesamt-Projektaufgabe und den einzelnen Beiträgen – vorliegt, können die Parteien in der nächsten Phase nach Lösungen für ihren Konflikt suchen. Dies geschieht zunächst so, dass erst eine Vielzahl von Lösungsoptionen gesucht wird und diese dann nach der besten Alternative für alle Parteien untersucht werden. Diese beste Alternative für alle wird schließlich in der abschließenden Entscheidungsphase als Einigung der Parteien verabschiedet. Die Phasen sind dynamisch, sodass bei etwaigen Rückfällen in streitigere Punkte in frühere Phasen zurückgesprungen wird.

5.3.2 Was ist Deal-Mediation bzw. Verhandlungsmediation?

Sollen Verhandlungen mit dem Ziel geführt werden, dass nachhaltige Wertschöpfung für alle Beteiligten möglich wird, so verläuft die Verhandlung nach der genannten mediativen Struktur. Im Unterschied zur klassischen Mediation, die für die Konfliktbearbeitung eingesetzt wird, gibt es bei der Verhandlungs mediation keinen aktuell eskalierten Konflikt. Allerdings werden die Vertragsparteien dabei unterstützt ihre natürlichen Interessenkonflikte in Bezug auf die vertraglich vorgenommene Risikoverteilung, die Definition des Leistungssolls und die Vergütung in einem kooperativen Rahmen transparent und konstruktiv anzusprechen und damit bearbeitbar zu machen. Gemeinsam mit diesen Interessenkonflikten werden mögliche weitere und diesen immanente Konfliktpozentiale antizipiert und gemeinsam

---

[2] Es gibt unterschiedliche Phasenmodelle für den Ablauf einer Mediation. Hier wird das gängigste 5-Phasen-Modell skizziert.

mediativ gelöst. Alle Parteien agieren dabei mit offenem Visir. Damit wird auf Verhandlungsebene bereits Vertrauen aufgebaut, statt durch Schattenkampf Misstrauen zu sähen. Die Parteien erleben und erfahren von Anfang an, also bereits bei der ersten mediativ unterstützten Vertragsverhhandlung die Gegenseite als Partner, denn dafür sorgt der mediative Rahmen. Allein dieses Setting und mediative Verhandlungsunterstützer sorgen dafür, dass die Projektpartner lernen, wertschätzend und respektvoll miteinander umzugehen. Probleme können auf der Sachebene konstruktiv angesprochen und gelöst werden, ohne dass Nachfragen oder Kommentare gleich als Angriff gewertet werden und die Parteien in die Defensive gehen oder eine Spirale des Machtkampfes, der Täuschung und Überlistung in Gang gesetzt wird. Durch den Einsatz der Mediatoren als Verhandlungsunterstützer ist dafür gesorgt, dass die Verhandlungsparteien den kooperativen Verhandlungsrahmen beibehalten und werteorientiert und interessenbasiert weiter-verhandeln. Sollten hierbei alte Muster, irritierende Emotionen, Machtspielchen etc., auftreten, achten die Mediatoren darauf, dass die Parteien wieder zum Weg der guten Kommunikation und des fairen Kooperierens zurückfinden. Zusammen mit den Mediatoren werden für alle Beteiligten gewinnbringende Vertragsbedingungen ausgehandelt, denn Mediation ist der Weg zu einer Win-Win-Win ... Lösung. Diese sollte nicht erst im Konfliktfall angestebt werden, sondern dieser Weg ist am besten bereits bei der ersten Vertragsverhandlung ganz bewusst einzuschlagen. Damit bündeln die Vertragsparteien ihre Kräfte zum Wohle des Projekts und schaffen valide Grundlagen, für die Wirtschaftlichkeit des Projekts für jeden Beteiligten. Wenn alle mit dem Ziel antreten, dass jeder der Partner bei dem Projekt durchaus gewinnen darf und wenn sie begreifen, dass dies nur zusammen geht, dann ist ein wesentlicher Transformationsschritt vollzogen in Richtung partnerschaftliche Projektabwicklung. Wer immernoch glaubt, Verträge, die auf lange Dauer angelegt sind, könnten wie bisher durch intransparentes Taktieren zu einer erfolgreichen Abwicklung führen, der outet sich als naiv. Denn bei einem lang angelegten Vertragsverhältnis, gehen die Parteien einen gemeinsamen Weg und werden der einen Seite Steine in den Weg gelegt, so findet sie aufgrund der langen Dauer der Vertragsabwicklung enorm viele Möglickeiten sich zu rächen. Wer anderen eine Grube gräbt in der Projektabwicklung, der fällt meist selbst hinein. Manche Akteure meinen selbst die Schlauesten zu sein und bei der Vertragsgestaltung die andere Seite über den Tisch ziehen zu können. Dies ist aber nur bei einmaligen Transaktioneb wie bei Kauf und Verkauf möglich, hier ist das Risiko, anschließend selbst in der Grube zu landen, deutlich überschaubarer. Die Projektabwicklung ist dagegen dauerhaft und kompelx. Daher macht hier hinterhältiges Taktieren generell keinen wirtschaftlichen Sinn, denn das Racherisiko ist hier sehr hoch. Es ist also geradezu offensichtlich – nur gerade eben absolut unüblich- dass der Weg von Beginn an ein fairer und partnerschaftlicher sein muss, um

5.3 Die Bedeutung der Mediation in Projekten

am Ende bei einem gelungenen partnerschaftlich abgewickelten Projekt anzukommen. Partnerschaft von Anfang an bedeutet, dass nicht „der Vertrieb" oder „die Vertragsabteilung" die „lästigen Verträge" eintaktet, sondern, dass dies die ureigenste Chefaufgabe der Parteien eines partnerschaftlichen Projekts sein muss, sich selbst mit kooperativen und partnerschaftlichen Vertragsverhandlung zu beschäftigen und dabei selbst mit der ganzen Erfahrung und Persönlichkeit involviert zu sein. Es müssen also nicht nur die Juristen an den Verhandlungsmediationen teilnehmen, sondern gerade auch alle Personen, die später tatsächlich bei der Vertragserfüllung in verantwortlicher Position involviert sein werden. Nur auf diese Weise wird sichergestellt, dass auch tatsächlich ein gemeinsames Verständnis von der Bauaufgabe und eine ebensolche Kalkulationsbasis Grundlage des Vertrages werden. Nur die tatsächlich verantwortlichen Praktiker sind in der Lage, Schnittstellenprobleme und Konflikte zu antizipieren, weil sie Erfahrung mit der praktischen Umsetzung haben. Bei Großprojekten kann Verhandlungs-Mediation auch die From von Workshops annehmen. Wesentlich ist jedoch immer die geduldige Unterstützung durch die Mediatoren, denn alleine am Verhandlungstisch oder im Workshop würden die Parteien früher oder später in alte destruktive, eigennützige und listige Verhandlungstaktiken zurückfallen, da dies die natürliche Reaktion auf Misstrauen ist. Werden Vertragsverhandlungen dagegen von Mediatoren unterstützt, können sie immer wieder zum erwünschten, kooperativen und partnerschaftlichen Verhandlungsstil zurückkehren. Auf diese Weise erleben die Parteien, dass sie auch in schwierigen Situationen kooperieren können. Das stärkt das Vertrauen in den gemeinsamen Weg. Darüberhinaus können die neutralen Dritten in der Vertragsverhandlung etwaige Ungleichgewichte im Hinblick auf Vertragsbedingungen und Risikoverteilungen aufgrund ihrer Beobachterposition aufdecken und damit einer fairen Verhandlungslösung zuführen. Nur der faire Weg führt zu Vertrauen und Kooperation. Durch den Einsatz von Verhandlungs-Mediatoren gewinnen die Verträge an Reife und Verbindlichkeit. Möglicherweise werden sie sogar kürzer, weil sie eben keine fiesen Klauseln auf Seite 286 links unten haben, sondern, klar und eindeutig den Rahmen für die künftige Zusammenarbeit bereithalten. Verträge, die im Wege der Verhandlungs-Mediation zustandekommen, sind sorgfältig ausgehandelt und enthalten keine Überraschungen mehr. Damit erarbeiten sich die Parteien eine stabile Basis für die spätere Projektabwicklung. Dies ist ein wesentlicher Transformationshebel hin zu echter Partnerschaft bei der Projektabwicklung. Am besten ist es sogar, möglichst auch das Weiterverhandeln der Verträge zu automatisieren und sich hierbei wiederum von Verhandlungs-Mediatoren unterstützen zu lassen, denn Änderungen der Rahmenbedingungen eines Projekts sind ganz natürlich und bedürfen der Nachsteuerung. Diese sollte dann ebenfalls auf kooperative und partnerschaftliche Art und Weise geschehen.

Verhandlungs-Mediation im Überblick

- Anwendung der Mediationsprinzipien auf Vertragsverhandlungen (auch Nachträge und andere zu verhandelnde Themen)
- Interessenunterschiede und -gemeinsamkeiten werden sichtbar und verhandelbar, um verantwortungsvolle Entscheidungen im Einklang mit den eigenen Interessen und Werten und denen der anderen Verhandlungsbeteiligten zu treffen.
- Wertschöpfung durch nachhaltige Verhandlungen und durch Schaffung eines lebendigen und rechtssicheren Rahmens.
- Verhandlung der individuellen Fairness der Vertragsparteien durch werte- und interessengerechte Entscheidungen (volenti non fit iniuriam)
- Tragfähige Entscheidungen, die wichtige Bausteine des gemeinsamen Planungs- und Bauprozesses sind.

Einsatzfelder der Verhandlungs-Mediation in der transformierten Projektabwicklung

- Mediative Begleitung der Vertragsanbahnung
- Mediative Begleitung des Vertragsschlusses
- Mediative Begleitung der weiterführenden Vertragsverhandlungen zur Fortschreibung des Vertrages (ehemals Nachtragsverhandlungen)
- Mediative Begleitung der Verhandlungen im Zusammenhang mit Störungen
- Mediative Begleitung der Verhandlungen im Gewährleistungszeitraum

5.3.3 Projektinterne Mediatoren

Projektinterne Mediatoren arbeiten als Mediatoren im klassischen Sinne wie auch als – Verhandlungs-Mediatoren. Sie unterstützen die Projektpartner bei allen Verhandlungen, um schnell auf kooperativen Weg zu fairen, tragfähigen und wertschöpfenden Entscheidungen zu kommen. Projektinterne Verhandlungs-Mediatoren nehmen an allen Verhandlungen obligatorisch teil, um sofort unterstützen zu können, wenn gemeinsame Werte oder kooperative Verhandlungsmuster verlassen werden. Sie sind ebenfalls zur Stelle, wenn es um hocheskalierte Konflikte mit starken Emotionen geht, die auch außerhalb der obligatorischen Verhandlungsprozesse entstehen. Die projektinternen Mediatoren gehören zum Projekt und sorgen für einen konfliktärmeren Verlauf, bzw. dafür, dass die in Konflikten liegenden Veränderungschancen genutzt werden können. Im Bauverfahren London Heathrow Terminal 5 etwa waren von Beginn an 120 projektinterne Mediatoren eingesetzt, um für eine gute und interessenbasierte Zusammenarbeit zu sorgen. Das Ergebnis war, dass das Projekt innerhalb des gesetzten Termin- und Kostenplans abgeschlossen werden konnte.

Indem sich die wesentlichen Projektbeteiligten von Anfang an ausführlich mit dem Sinn des Gebäudes und seinen möglichen Nutzungsarten vernetzt beschäftigen, lernen und arbeiten sie gemeinsam. Dieser Umstand ist enorm sinnstiftend und damit neben wirtschaftlichen Aspekten ein erheblicher Motivationsfaktor für die beteiligten Personen. Denn Frieden allein motiviert nicht. Sinn zu stiften, statt sich zu streiten dagegen immens. Wenn alle Projektbeteiligten mit ihrem Know-how sinnstiftend und verantwortlich auch im Sinne ihrer Rollenverantwortung integriert sind, wird das Projekt zu dem ihrem. Dann entstehen Engagement und Freude an der Projektabwicklung.[3]

Dies gelingt für die Dauer des Projekts nur durch

- dauerhaftes Training,
- Reflexion und
- gutes Beispiel.

Dies zu leisten ist die Aufgabe der projektinternen Mediatoren. Nur so können nämlich die unterschiedlichen Interessen zum Nutzen aller Beteiligter optimal in die Entscheidungen integriert werden.[4] Daher ist für eine konsequent partnerschaftliche, integrative und kollaborative Projektabwicklung die projektbegleitende mediative Unterstützung wesentliche Grundvoraussetzung.

Literatur

Arnold, R., Wie man führt, ohne zu dominieren, 2. Aufl., Carl-Auer, 2013
Davies, Gann, Douglas, Innovation in Megaprojects: Systems Integration at London Heathrow Terminal 5 California Management Review (CMR), 2009, S. 101–125
Eschenbruch, K., Projektmanagement und Projektsteuerung für die Immobilien- und Bauwirtschaft, 5. Aufl., Werner Verlag, 2021
Glasl, F., Konfliktmanagement, 12. Aufl. Haupt, 2020
Hammacher/Erzigkeit/Sage, So funktioniert Mediation im Planen + Bauen, 3. Aufl., Springer 2014
Hübler, M., Die Führungskraft als Mediator, Springer, 2020

---

[3] Lange, J., (Hrsg.) Werteorientierte Führung in Theorie und Praxis, 2021, S. 7 ff.
[4] Kreggenfeld, U., Erfolgreich systemisch verhandeln, 2. Aufl. 2014, S. 100 ff.

Hünerberg/Mann (Hrsg.) Ganzheitliche Unternehmensführung in dynamischen Märkten, Gabler, 2009
Ibrom, S., Die Rolle der Mediation in demokratischen Entscheidungsprozessen, Nomos, 2015
Kreggenfeld, U., Erfolgreich systemisch verhandeln, 2. Aufl. Springer, 2021
Lange (Hrsg.), Werteorientierte Führung in Theorie und Praxis, Springer, 2021
Meiler, M., Emotionales Change Management, Springer, 2020
Schirmer/Woydt, Mitarbeiterführung, 3. Aufl., Springer, 2016
Schneider-Brodtmann, Jöeg, Deal Mediation, Mediation als Verfahren zur Verhandlungs- und Projektbegleitung sowie als Mittel zur Konflikt Prävention in der Wirtschaft, 2021
Proksch, S., Mediation. Die Kunst der professionellen Konfliktlösung, Springer 2018

Das Konzept der Ganzheitlichen Projektabwicklung – Die acht Kernelemente

6

Zusammenfassung

Auf der Grundlage der in den vorigen Kapiteln dargelegten Überlegungen, wie eine Projektabwicklung transformiert werden muss, damit sie für alle Projektbeteiligten den erwünschten Wertschöpfungsprozess und wirtschaftlichen Erfolg bieten kann, wurde das Konzept der Ganzheitlichen Projektabwicklung entwickelt. Acht Kernelemente beschreiben die Bausteine einer erfolgreichen Ganzheitlichen Projektabwicklung. Das Konzept der Ganzheitlichen Projektabwicklung ist für jede Größe und Art der Projektabwicklung skalierbar. Es zeichnet sich vor allem durch seine einfachen und klaren Verträge, die Besetzung einer Gesamt-Führung und den Einsatz mediativer Elemente aus. Dadurch ist für die konsequent partnerschaftliche, integrative und kollaborative Zusammenarbeit der richtige Rahmen geschaffen. Das Gelingen der Transformation hängt nämlich von einem erfolgreichen grundlegenden Umdenkprozess und der Etablierung und stetigen Weiterentwicklung einer neuen Kultur der Projektabwicklung ab. Diese wird durch konsequente Anwendung des Konzepts der Ganzheitlichen Projektabwicklung erreicht.

Die acht Kernelemente sind:

- ganzheitliche Planungs- und Bauprozesse
- lebendige und konstruktive Kommunikation
- kurze, faire und lebendige Verträge, vertrauensvolle und wertschöpfende Zusammenarbeit

- integrative Verhandlungen und verantwortliche Entscheidungen
- kooperatives Risiko-, Fehler- und Konfliktmanagement
- transparentes und verantwortliches Informationswesen und
- gemeinsame Lern- und Entwicklungsprozesse.

Das Konzept der Ganzheitlichen Projektabwicklung basiert auf der Grundlage alternativer Projektabwicklungsmodelle, die partnerschaftliche, integrative und kollaborative Ansätze verfolgen.

Nachfolgende Ausführungen zu den acht Kernelementen der Ganzheitlichen Projektabwicklung sind als Anleitung für eine erfolgreiche konsequemt partnerschaftliche, integrative und kollaborative Projektabwicklung zu verstehen.

> **Besonderheiten des Konzepts der Ganzheitlichen Projektabwicklung**
> Das Konzept der Ganzheitliche Projektabwicklung unterscheidet sich aber von den bisherigen Modellen alternativer Projektentwicklung grundlegend in den Bereichen
>
> - Führung,
> - Kommunikation,
> - Recht,
> - Verhandlung,
> - Mediation,
> - Informationsmanagement
> - und nachhaltiges Wirtschaften.

Die in diesen Bereichen vorgenommenen Änderungen im Vergleich zur herkömmlichen Projektabwicklung sind essenziell dafür, dass Projekte konsequent partnerschaftlich, integrativ und kollaborativ abgewickelt werden können.

Das Konzept der Ganzheitlichen Projektabwicklung basiert auf acht Kernelementen, die nachfolgend vorgestellt und erläutert werden. Diese Kernelemente der lassen sich in Projekten jeder Größe integrieren. Konsequent angewandt führen sie ganzheitlich zu echter Partnerschaft, Kollaboration und Integration. Damit sind die Voraussetzungen für eine nachhaltige Wertschöpfung für und durch das Projekt gegeben. Das Projekt kann auf diese Weise für alle Beteiligten zum wirtschaftlichen Erfolg führen.

6.1 Ganzheitliche Planungs- und Bauprozesse

Die Fragmentierung des Planungs- und Bauprozesses führt, wie in Kap. 1 dargestellt, zu unüberschaubaren Schnittstellen. Damit einher gehen nahezu automatisch Informationsasymmetrien, eigennutzmotiviertes Verhalten, Informationsverluste, Qualitätsverluste, Kommunikationsstörungen, destruktive Zusammenarbeit sowie entsprechende wirtschaftliche Verluste, Ressourcenverschwendung und mangelnde Nachhaltigkeit des Gesamtprojekts, da nicht in Lebenszyklen gedacht wird. Die Personen und die Prozesse müssen sinnvoll vernetzt sein und in einen positiven Flow ausbalancierter Aufgabenbearbeitung gebracht werden. Dies ist die zentrale Aufgabe der Projektführung. In den herkömmlichen Projekten fehlt es an einer solchen zentralen Position, die von Anfang an alle Beteiligten führt. (s. Abb. 6.1).

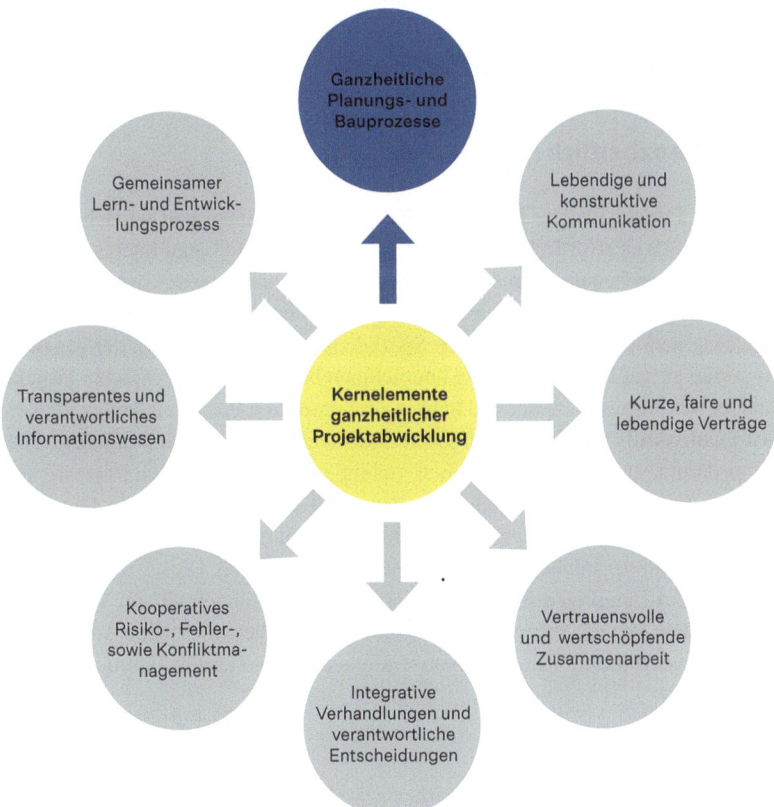

Abb. 6.1 Kernelement: Ganzheitliche Planungs- und Bauprozesse

Es geht hier gerade nicht um Projektleitung, Projektmanagement oder Projektsteuerung im herkömmlichen Sinne, denn diese Aufgaben richten sich in der Regel nicht übergreifend an alle Projektbeteiligten und die Aufgabenrichtung ist eher eine Managementaufgabe, die sich mit der Frage befasst, wie die Dinge richtig getan werden. Dabei wird der Aspekt der sinnhaften, partnerschaftlichen und integrativen Führung der im Projekt arbeitenden Menschen oft vernachlässigt, deshalb kommt es zu den in Kap. 2, 3 und 4 beschriebenen Problemen der Zusammenarbeit.

Gesamt-Projektführung wird gebraucht, um die richtigen Dinge zu tun, den Projektbeteiligten, die richtigen Steuerungsimpulse zur Kollaboration, Integration und Partnerschaft zu geben, sodass die vernetzte Zusammenarbeit gelingt und das Ziel des Projekts erreicht werden kann. Selbstverständlich sind dann auch die klassischen Management- und Steuerungsaufgaben zu erfüllen. Im Mittelpunkt steht jedoch die Führung der am Projekt beteiligten Menschen, um sie in die Lage zu versetzen, die anstehenden Aufgaben optimal im Sinne entspannter Konzentration und eines achtsamen Gewahrseins zu erledigen und so motiviert und partnerschaftlich für das Projekt mitdenkend zu handeln.

6.1.1 Ganzheitliche Projektführung

Damit das Projekt für alle Projektpartner zum persönlichen und wirtschaftlichen Erfolg wird, ist es erforderlich, dass alle wesentlichen beteiligten Interessen mehrdimensional gesehen und vernetzt[1] zum Wohle des Projekts berücksichtigt werden.

Der Planungs- und Bauprozess ist aufgrund gehobener Komplexität des Projekts, Fragmentierung und der vielen Spezialisierungen ein Prozess, der ganzheitlich gesteuert werden muss. Häufig übernehmen bei komplexen Projekten Projektmanager bzw. Projektsteuerer und in weniger komplexen Projekten Architekten die Koordinationsaufgabe. Diese Aufgaben sind häufig Managementaufgaben. Hier geht es darum, die Dinge, die anstehen, richtig zu tun. Die richtigen Prozesse aufzusetzen, die etwa auch im Qualitätsmanagement verlangt werden etc. Dies kann aber im Grunde nur einer Gesamt-Führung gelingen, denn hierfür ist ein Gesamtverständnis von der Planungs- und Bauaufgabe erforderlich. Dieses ist bei Projekten mit vielen Beteiligten und komplizierten Fragestellungen nur im Wege eines ganzheitlichen Verstehensprozesses möglich, der hier die wesentliche Aufgabe der Gesamt-Projektführung ist. Die Notwendigkeit einer Gesamt-Führung für die

---

[1] Siehe Gomez/Probst, Die Praxis des ganzheitlichen Problemlösens, 1999.

6.1 Ganzheitliche Planungs- und Bauprozesse

erfolgreiche Transformation der Kultur und den Erfolg Projektabwicklung wurde ausführlich in den Kap. 3, 4 und 5 erläutert.

Führung ist die Fähigkeit, eine Richtung vorzugeben, andere im Sinne eines gemeinsamen Ziels zu beeinflussen, sie zu motivieren und zum Handeln zu bringen und sie für ihre Leistung in die Verantwortung zu nehmen. Für die Gesamt-Führung der Projektabwicklung sind Mindful Leader grundsätzlich die richtige Wahl. Zusätzlich sollte die Rolle der Gesamt-Führung über mediative Fertigkeiten verfügen. Dieses verbindende Element ist in der Projektabwicklung enorm wichtig, damit eine gemeinsame Perspektive auf das Projekt entsteht, denn alle Projektpartner sind gleichzeitig eigenständige Unternehmer und somit auch eigenen Zielen verpflichtet. Der Blick auf das Gesamt-Projekt und das gemeinsame Verständnis darüber müssen daher durchgängig aktualisiert werden, damit ein dauerhaftes Kollaborieren möglich ist. Wenn in kleineren Projekten diese Führungsaufgabe von Bauherren oder Architekten übernommen wird, ist strikt darauf zu achten, dass diese achtsam und mediativ vorgehen. Der Führungsstil des Herrschens ist der falsche Weg und führt automatisch zu Misstrauen, Eigennutz und Gegeneinander bei den Projektbeteiligten.

Aus den Führungswissenschaften ist bekannt, dass gerade die gute Führung dafür verantwortlich ist, dass Menschen erfolgreich zusammenarbeiten.

Im Konzept der Ganzheitlichen Projektabwicklung kommt daher nur ein achtsamer, wertebasierter und mediativer Führungsstil für die Gesamt-Führung des Projekts infrage, denn die Partner sind auf Augenhöhe. Es gibt hier keine Hierarchie zwischen Partnern und Projektführung. Werteorientierte und mediative Führung ist notwendig, um alle Projektpartner wertschätzend zu motivieren und sie zur erfolgreichen Umsetzung des Projekts zu führen. Dieses Führungskonzept muss vom Auftraggeber und den Auftragnehmern ausdrücklich gewollt und vereinbart sein sowie aktiv aufrechterhalten werden. Hierzu kommt es nicht zufällig und auch nicht dadurch, dass sich die Partner zu Projektbeginn eine Charta für gute Zusammenarbeit geben. Dies sind zwar grundsätzlich gute Vorsätze, sie bedürfen aber der konsequenten Umsetzung, um tatsächlich zur guten Gewohnheit zu werden. Daher müssen die Projektbeteiligten während der gesamten Projektdauer ganzheitlich geführt werden.

Dies ist im Grunde die primäre Aufgabe des Bauherrn. Dieser will oft selbst Führen und nicht etwa geführt werden. Übernimmt er die Aufgabe, das Projekt ganzheitlich zu führen und einen umfassenden Interessenausgleich zu moderieren, nicht selbst, was zudem extrem schwierig ist, weil er doch seine Interessen durchsetzen möchte, so ist es erforderlich, diese wichtige Aufgabe auf eine ganzheitlich arbeitende Gesamt-Projektführung zu übertragen.

Der ganzheitliche Ansatz führt zum Erfolg, vorausgesetzt alle Partner unterstellen ihr Handeln dieser Philosophie und lassen sich führen. Dies setzt Vertrauen vo-

Abb. 6.2 Prinzipien der ganzheitlichen Führung

raus, das von der Projektführung erworben werden muss. Gelingt dies, dann ist eine gute Basis für eine kollaborative Zusammenarbeit gegeben, die im Grunde eine zutiefst menschliche Sehnsucht ist und enormes zu leisten vermag. Dorthin zu kommen, ist Aufgabe der ganzheitlichen Projektführung.

Ganzheitliche Handlungsansätze werden in Abb. 6.2 aufgezeigt. Die nachfolgend näher erläuterten Prinzipien ganzheitlicher Führung müssen in das Bewusstsein der Projektpartner aufgenommen werden und dort bis zum Projektende präsent sein.

6.1.2 Die Prinzipien ganzheitlicher Führung im Einzelnen

Die Projektführung kann selbst nur Vorbild und Impulsgeber sein und für einen guten Rahmen der Zusammenarbeit sorgen. Der Ansatz der ganzheitlichen Führung ist gekennzeichnet von folgenden Prinzipien:

- **Das Projekt als lebendigen Organismus verstehen**

6.1 Ganzheitliche Planungs- und Bauprozesse

Ganzheitlich betrachtet ist jedes Projekt ein individueller lebendiger Organismus, der einem natürlichen Lebenszyklus unterworfen ist. Die Projektabwicklung ist vergleichbar mit einem Körper, bei dem alle auch noch so kleinsten Zellen und Bestandteile stets zum Wohl des Ganzen beitragen. Der Organismus ist lebendig und gesund, wenn alle Bestandteile ihren Platz einnehmen und vernetzt zum Wohle des Gesamtorganismus arbeiten. Im menschlichen Körper gibt es etwa Strukturen, die für die richtige Bewegung der Beine zuständig sind. Sind diese ursprünglichen Strukturen verletzt, übernehmen andere Strukturen diese Aufgaben, damit die lebensnotwendige Fortbewegung dennoch gelingt. Hier wird nicht etwa Behinderung angemeldet, sondern automatisch nach Lösungen gesucht. Genau dieses lebendige Prinzip ist in einer erfolgreichen Projektabwicklung konsequent zu verfolgen. Dass sich die Projektpartner gegenseitig unterstützen, ist eine wesentliche Maxime.

Jeder Projektpartner sollte seinen Platz in diesem Organismus einnehmen und damit das gemeinsame Projektziel umfassend unterstützen und zwar von Anfang an. Hierzu bedarf es einer ganzheitlichen Führung, die diesen Denkrahmen etabliert und entsprechende Kommunikationsräume und Handlungsprozesse unterstützt.

Der Lebenszyklus beginnt mit den ersten Überlegungen des Bauherrn zur Projektentwicklung. In der Startphase, die die wichtigste Phase des Projekts ist, weil hier die entscheidenden Weichen gestellt werden, sollten alle wesentlichen Projektbeteiligten möglichst frühzeitig mit ihrem jeweiligen Spezialwissen interessengerecht kommunikativ im Rahmen von mediativ begleiteten Verständigungsprozessen einbezogen werden. Das Projekt bekommt dadurch seine eigene individuelle Persönlichkeit, seinen Sinn und Zweck.

Auch Nachhaltigkeitsziele bezogen auf den Lebenszyklus sind hier im Kreis der Projektpartner zu definieren und mit Leben zu füllen. So aktualisiert die Projektführung etwa folgende Fragestellungen:

- Weshalb soll gerade dieses Bauwerk an diesem Ort errichtet werden?
- Welchen Nutzen wird das Projekt stiften?

Dieses Wissen um den Sinn des Projekts ist für alle Projektpartner wichtig, um ihr jeweiliges Handeln auf den maximalen Nutzen für das Projekt auszurichten. Damit dient eine so definierte positive Projektpersönlichkeit unmittelbar der Motivation der Projektbeteiligten, denn nahezu jeder Mensch stiftet gerne Nutzen und beteiligt sich an sinnvollen Projekten. So entsteht und wächst eine gemeinsame Perspektive, die die Kooperationsbereitschaft der Partner deutlich erhöht. Das Projekt wird sich wie ein lebendiger Organismus entwickeln und durch die jeweiligen Beiträge der Projektpartner immer mehr Gestalt annehmen. Das Planen und Bauen ist als lebendiger Prozess zu verstehen, bei dem Änderungen ebenso wie Fehler üblich sind, um Verbesserungs- und Innovationschancen zu nutzen. Wie ein lebendiger Organismus muss das Projekt gepflegt und gehegt werden. Es entwickelt sich. Hierzu gehören Fortschritte wie auch Herausforderungen, die gemeinsam gemeistert werden wollen. In diesem Sinne braucht das Projekt das Wohlwollen und den Glauben aller Beteiligter, um zu wachsen und zu dem Bauwerk zu werden, das es einmal sein soll.

> **Wesentliche Werte und tiefere Prinzipien der Führung**
> **Werte:** Wertschätzung, Verstehen, Sinn
> **Prinzipien:** Interessenorientierung, gegenseitige Unterstützung, gute Zusammenarbeit

- **Auftraggeberorientierung**

Damit das Projekt wirklich ganzheitlich ein Erfolg wird, müssen alle Kräfte dahingehend gebündelt werden, dass die Wünsche des Auftraggebers möglichst optimal umgesetzt werden. Der Auftraggeber ist zwar Vertragspartner, aber auch die künftigen Nutzer und deren Interessen und Bedürfnisse sind in den Planungs- und Bauprozess möglichst strukturiert und optimal einzubeziehen.[2] Die Zufriedenheit der Nutzer und der Bauherren sind das oberste Ziel und der Sinn des Projekts. Daher sind bei allen anstehenden Fragen die Interessen der Beteiligten mit Focus „Best for Project" auszubalancieren. Dieser Prozess bedarf der ausgleichenden und ganzheitlichen Führung. In Kap. 5 wurden hierzu die für den Verstehensprozess notwendigen mediativen Gesprächsstrukturen ausführliche erläutert.

Der Bauherr als Auftraggeber muss hier durch gute ganzheitliche Führung Sicherheit und Zuversicht bekommen, dass sein Projekt wirtschaftlich, sinnvoll und nachhaltig geplant und umgesetzt wird. Ähnlich wie in Unternehmen, ist es hier erforderlich, Menschen zu ermutigen und situativ zu führen. Auch wenn es um die Auftraggeberorientierung geht, ist dieser nicht in der Lage zu diktieren. Vielmehr achtet die ganzheitliche Führung auf angemessene Einbeziehung seiner Wünsche und Vorstellungen in die bestehenden Prozesse, um auf kollaborative Weise zu sinnvollen und wertschöpfenden Entscheidungen zu kommen. Insofern schließt sich der Auftraggeber dem Führungsprozess vertrauensvoll an. Das ist not-

---

[2] Vgl. Vester, F., Die Kunst vernetzt zu denken, 2. Aufl. 2019, S. 281 ff.

6.1 Ganzheitliche Planungs- und Bauprozesse

wendig, denn anders als im Orchester, welches bereits bekannte Werke einstudiert, geht es bei der Projektabwicklung immer darum das Werk selbst zu erarbeiten. Hierfür braucht es aufgrund der Komplexität mittlerer und großer Bauvorhaben mehr als nur eines Dirigenten, es bedarf ganzheitlicher Führung, um alle Ressourcen sinnvoll zu nutzen. So entstehen Netzwerke und es wird kollaborativ miteinander gedacht, gelacht und gearbeitet. So lassen sich Innovationschancen zur Erreichung der Auftraggeberwünsche erkennen und im Sinne guter kollaborativer Zusammenarbeit ganzheitlich nutzen.

> **Wesentliche Werte und tiefere Prinzipien der Führung:**
> **Werte:** Fairness, Vertrauen, Wirtschaftlichkeit
> **Prinzipien:** Transparenz, Offenheit, Informiertheit, Respekt und Rollenklarheit

- **Auftragnehmerorientierung**

Das wichtigste Kapital des Projekts sind die Projektpartner, mithin alle Planer und ausführenden Unternehmen, also die Auftragnehmer. Durch sie entsteht die Wertschöpfung in der Projektabwicklung. Ohne die Projektpartner und ihr spezifisches Know-how, ihr Engagement und ihre Entschlossenheit, für das Projekt Leistungsreserven zu mobilisieren, würde die Qualität wie auch seine Wirtschaftlichkeit sehr stark leiden.

Daher ist es erforderlich, dass die Projektpartner mit ihren spezifischen Bedürfnissen und Interessen gesehen und berücksichtigt sowie ihre Leistungen wertgeschätzt werden. Zudem brauchen die unterschiedlichen Projektpartner verlässliche und faire Prozesse der Einbeziehung sowie der Problem- und Konfliktlösung. Durch die ganzheitliche Führung des Projekts wird sichergestellt, dass diese wichtigen Bedürfnisse der Projektpartner erfüllt werden und sie so zu Höchstleistungen motiviert werden.

> **Wesentliche Werte und tiefere Prinzipien der Führung:**
> **Werte:** Kollaboration, Vertrauen, Respekt, Wertschöpfung
> **Prinzipien:** Informiertheit, Fairness, Offenheit und Transparenz, Freiwilligkeit

- **Stetige Verbesserungen und Innovationen**

Oft stellen sich Annahmen, die dem Projekt zugrunde gelegt wurden, im Laufe der Projektabwicklung als fehlerhaft heraus. Das können Rahmenbedingungen wie Rohstoffpreise, Gesetze, aber auch Nutzerinteressen sein, die sich während des Planungs- und Bauprozesses ändern. In diesen Fällen sollten das Projektziel und seine Details den neuen geänderten Anforderungen angepasst werden. Dies fordert häufig die Projektpartner heraus, unter den gegebenen Umständen innovative Lösungen zu finden. Zudem ist es aus dem Gesichtspunkt des ganzheitlichen Wirtschaftens erforderlich, dass Planungen und Ausführungen sowie bestehende Prozesse unter dem stetigen Fokus der Verbesserung stehen. Optimieren wird so nicht nur zu einem ausdrücklich erwünschten Verhalten der Projektbeteiligten, sondern die stetige Verbesserung beschreibt einen Lernprozess, dem sich alle Beteiligten von vornherein bewusst verpflichtet fühlen. Dieser gemeinsame Lernprozess fördert darüber hinaus die Zusammenarbeit auf Augenhöhe, weil jeder etwas dazulernen kann. So werden althergebrachte Hierarchien aufgebrochen. Dies ist nur möglich, wenn den Projektbeteiligten Räume für gemeinsames Lernen und Wachsen eröffnet werden. Dies ist wiederum Aufgabe der ganzheitlichen Führung, denn auch für die Verbesserungen sind Strukturen zu schaffen, damit diese rechtzeitig und sinnvoll in das Gesamtprojekt eingebracht werden können.

> **Wesentliche Werte und tiefere Prinzipien der Führung:**
> **Werte:** Hohe Qualität, Wirtschaftlichkeit, Nachhaltigkeit
> **Prinzipien:** Offenheit, Informiertheit, Transparenz

- **Erfolgsorientierung, Vermeidung von Verschwendung**

Alles Handeln im Projekt soll dem Erfolg des Projekts dienen. Der Erfolg wird dabei ganzheitlich und gemeinsam definiert. Es geht um eine nachhaltige Wertschöpfung für und durch das Projekt. Dies erfordert eine enorme Konzentration der Projektpartner auf den Erfolg des Projekts und die Ergebnisse ihrer jeweiligen Beiträge. Zudem soll ein wesentlicher Hebel der Kostenvermeidung zur Geltung kommen, nämlich Verschwendung zu vermeiden.

Aus dem Lean Management ist bekannt, dass es mindestens acht Verschwendungsarten gibt, die es zu vermeiden gilt, will man erfolgreich wirtschaften. Diese sind:

- Überproduktion,
- übermäßige Bestände,
- Fehler (Nacharbeit, Ausschuss),
- Wartezeiten,
- (unnötiger) Transport,
- (unnötige) Bewegungen,
- Überbearbeitung sowie
- nicht genutzte Kreativität der Mitarbeiter.

Aufgabe der ganzheitlichen Projektführung ist es, die Projektpartner immer wieder darauf zu orientieren, alles für den gemeinsam definierten Erfolg des Projekts zu tun, also stets im Sinne „Best for Project" zu handeln und dabei Verschwendungen zu vermeiden. So ist der Grundstein dafür gelegt, dass die Partner auch für sich und das Projekt stets wirtschaftlich handeln.

> **Wesentliche Merkmale und tiefere Prinzipien der Führung**
> **Werte:** Ergebnisorientierung, Ressourcenschonung
> **Prinzipien:** Prozesse optimieren, Fehlerkultur, Optimismus, Wertschöpfung

- **Verlässliche Kooperationen**

Um ein komplexes Planungs- und Bauprojekt abzuwickeln, bedarf es oft einer Vielzahl von Projektpartnern. Je besser das Zusammenspiel der Partner gelingt, desto wahrscheinlicher ist der Projekterfolg. Verlässliche Kooperationen sind daher ein wesentlicher Erfolgsfaktor für ganzheitliches Wirtschaften und eine ebensolche Projektabwicklung. Gerade wenn nicht ein eingespieltes Team den Auftrag erhält, sondern viele unterschiedliche Unternehmer an der Projektabwicklung beteiligt sind, muss ein besonderes Augenmerk auf das Gelingen von Kooperationen gelegt werden. Ziel ist es dabei, die Qualitäten gelingender Kollaboration wie Vertrauen und gegenseitige Unterstützung und auch gute Stimmung sowie ein motivierender Arbeitstakt bewusst zu etablieren und durchgängig zu fördern. Dies ist Voraussetzung für eine gelingende Projektabwicklung, denn nur, wenn sich die Partner aufeinander verlassen können und für sie die Prozesse sicher und vorhersehbar sind, entsteht die notwendige soziale Verbundenheit, die Menschen benötigen, um ihre Aufgaben mit Gelassenheit und Weitblick, in der notwendigen Konzentration sowie mit Freude zu erfüllen, vgl. Abschn. 3.2. Verlässliche projektinterne Kooperationen zu fördern und aufrechtzuerhalten sind daher ein wesentliches Anliegen der ganzheitlichen Führung. Die Kooperationen halten die Projektabwicklung als System aufrecht und erfüllen es mit Leben. Sie sind die Orte an denen die Projektbeteiligten soziale Verbundenheit erfahren und damit Sicherheit und Vertrauen im Alltag der Projektabwicklung finden können. Hier gilt es mit Fingerspitzengefühl dienend zu führen. Die Projektführung bezieht sich auf die Unterstützung der Zusammenarbeit, nicht auf Managemententscheidungen. Diese verbleiben beim Projektmanagement bzw. der Projektleitung oder der Projektsteuerung.

> **Wesentliche Werte und tiefere Prinzipien der Führung:**
> **Werte:** Wertschätzung, Respekt, Vertrauen, Fairness
> **Prinzipien:** Offenheit, Transparenz, Informiertheit, Ehrlichkeit

- **Gesellschaftliche Verantwortung und Nachhaltigkeit**

Das Projekt kann konfliktarm und nachhaltig geplant und gebaut werden, wenn es die Unterstützung von seinem gesellschaftlichen Umfeld erhält. Um das Risiko von Widerständen und Blockaden zu minimieren, ist es erforderlich, die Interessen der Betroffenen und interessierten Gesellschaft in die Projektziele und seine Umsetzung zu integrieren. Die frühzeitige interessengerechte Einbeziehung dieser Bedürfnisse dient letztlich der Vermeidung von Störungen des Projekts durch äußere Kräfte. Darüber hinaus führt eine positive Wahrnehmung des Projekts zu einer positiven PR und dies wiederum zu einer positiven Stimmung und einem ebensolchen Selbstverständnis bei den Projektpartnern, die hierdurch wichtige Motivationsanreize bekommen.

> **Wesentliche Werte und tiefere Prinzipien der Führung:**
> **Werte:** Verantwortung, nachhaltige Entwicklung, Teilhabe, Wertschätzung,
> **Prinzipien:** Einbeziehung, Informiertheit, Transparenz, Offenheit

6.1.3 Mediative Einbeziehung aller wesentlichen Interessen

Projektsteuerer, Projektmanager und auch Architekten übernehmen typischerweise Managementsaufgaben im Projekt. Damit sind sie als Interessenvertreter des Bauherrn grundsätzlich parteiisch. Verhandlungen, bei denen es um die Einbeziehung aller Interessen geht, können sie daher aufgrund der Interessenkollision nicht übernehmen. Um dennoch von der Startphase an alle wesentlichen Interessen zum Wohle des Projekts fair einzubeziehen und ein Gesamt-Verständnis von der Bauaufgabe zu erhalten, ist es erforderlich, dass derartige Entscheidungs- und Verhandlungsrunden neutral und mediativ moderiert werden, mithin eine Verhandlungs- oder Deal-Mediation stattfindet. Hintergründe hierzu sind in Kap. 5 genau dargestellt.

Eine Perspektivenerweiterung und ein besseres Gesamt-Verständnis entstehen, wenn den Akteuren hierfür Raum zur Entfaltung des Denkens in verschiedenen Richtungen gegeben wird. Ziel muss es sein, dass im Detail genaue Verantwortlichkeiten und Aufgaben verteilt werden können. Dies gelingt nur, wenn das Gesamt-Verständnis von der Aufgabe erarbeitet und von allen verstanden wurde.

Ein Verhandlungsleiter, der selbst Interessen vertritt, wird aber diesen Raum nicht eröffnen können, weil er den Blick auf seine Interessen richtet und die Perspektiven der anderen möglicherweise nicht wahrnehmen oder vollständig nachvollziehen kann. Hierzu müsste er eine enorm hohe Ambiguitätstoleranz besitzen und sich und die von ihm vertretenen Interessen durchgehend beobachten können, während er andere Interessen zunächst wertfrei oder gleichwertig danebenstehen lässt. Dies ist eigentlich unmöglich. Mediativ moderierte Verhandlungs- und Entscheidungsrunden erlauben allen Beteiligten auch der Projektführung selbst, ihre Interessen sachgerecht in die Verhandlungs- und Entscheidungsprozesse einfließen zu lassen. Ohne die projektinternen Verhandlungs-Mediatoren würde das für die ganzheitliche Projektabwicklung erforderliche ausgleichende Moment fehlen.

Während die Projektführung die Verantwortung für die kollaborative, integrative und partnerschaftliche Zusammenarbeit als permanente Ansprechpartner im Projektalltag übernimmt, sind die projektinternen Mediatoren nur punktuell eingebunden etwa bei Workshops, Verhandlungen, Entscheidungsprozessen und Konfliktbearbeitungen. Sie wirken vielfältig unterstützend und ausgleichend und stehen der Projektabwicklung bei Bedarf jederzeit zur Verfügung.

6.1.4 Dynamische Phasen ganzheitlicher Planungs- und Bauabwicklung

Die ganzheitliche Projektabwicklung ist dynamisch. Der Ablauf kann grob in 5 Phasen unterteilt werden. Bei Veränderungen wesentlicher Projektabwicklungsmerkmale, wie etwa Hinzukommen neuer Partner, akuten Problemen oder Störungen des Projektablaufs wird jeweils in passende Phasen zurückgesprungen. Dieses Vorgehen ist angelehnt an typische mediative Prozesse zur Erreichung wertschöpfender Lösungen.

Überblick: Die fünf Phasen der Ganzheitlichen Projektabwicklung

Phase 1: Gemeinsamer Start

Gemeinsam zu starten ist Ausdruck eines gelebten Miteinanders. Ganzheitlich geführt und ggf. mediativ dabei unterstützt sollten in der ersten Phase alle Partner des Projekts sich einbringen können und gemeinsam die wesentlichen Rahmenbedingungen transparent festlegen. Zu den nachfolgenden Themen sollten Vereinbarungen getroffen werden:

1. Personen und Handlungsrahmen festlegen, Vernetzung aller mit allen starten.
2. Partner treffen gemeinsam Vereinbarungen über die Zusammenarbeit.
3. Vereinbarung zu Verantwortlichkeiten – Rollenklarheit.
4. Vereinbarungen zu wiederkehrenden Entscheidungsprozessen, Lernprozessen und Meetings.
5. Vereinbarung zu Transparenz, Informationsmanagement, Datenschutz und Vertraulichkeit.
6. Vereinbarung zur wertschätzenden Kommunikation.
7. Vereinbarung des rechtlichen Rahmens für die Zusammenarbeit.

Phase 2: Thema/Projekt/Planungs- und Bauaufgabe

In Phase 2 werden von den wesentlichen Projektpartnern gemeinsam die Abläufe und Strukturen für das Projekt festgelegt. Sie werden dabei ganzheitlich geführt und bei Bedarf mediativ unterstützt. Zu den folgenden Themen sollten Vereinbarungen getroffen werden.

1. Gemeinsame Definition des Planungsziels.
2. Planung der Planung, z. B. mit BIM offen und flexibel.

6.1 Ganzheitliche Planungs- und Bauprozesse

3. Informationsverarbeitung und -zugang.
4. Festlegung der Grundsätze und der Werkzeuge der Zusammenarbeit.
5. Etablierung einer kooperativen, erfolgsbezogenen und partnerschaftlichen Projekt- und Kommunikationskultur
6. Lernprozess: Rahmenbedingungen der Zusammenarbeit fortschreiben.

Phase 3: Bewusstes Hinterfragen der Planung als Qualitätssicherung und Merkmal der ganzheitlichen Projektabwicklung

Folgende Fragen werden kontinuierlich wiederkehrend während der gesamten Projektdauer sowohl obligatorisch als auch anlassbezogen gestellt, damit Leistungen auf Kurs sind und um mögliche Innovationschancen zu erkennen und zu nutzen. Dies steigert die Qualität des Bauwerks ebenso wie die Motivation des Mitzudenkens bei den Projektpartnern. Das Bewusstsein für eigene und die Bedürfnisse des Projekts wird bei jedem Projektpartner gestärkt.

Folgende Fragen können immer wieder gestellt werden:

1. Ist der Sinn des Projekts mit der Planung erreicht? – ggf. weshalb nicht?
2. Welche Probleme sind bisher ungelöst und was steckt dahinter?
3. Findet tatsächlich ein ganzheitlicher Umgang mit Fehlern, Mängeln, Fristen und Kosten etc. durch gemeinsame Verhandlungen auf Augenhöhe unter Herausarbeitung aller Interessen statt? Falls nicht: Weshalb und was ist nötig?
4. Was bedeuten auftretende Konflikte und Risiken konkret für die Projektabwicklung? Weshalb treten Sie auf?
5. Sind die Ziele der nachhaltigen Wertschöpfung und Entwicklung im Projekt verwirklicht? Wo bedarf es besserer Integration und Kollaboration?
6. Lernprozess: Rahmenbedingungen der Zusammenarbeit fortschreiben.

Phase 4: Lösungen für Änderungen, Ergänzungen, Verbesserungen und Innovationen

Die in Phase 3 aufgeworfenen ermittelten Interessen sind kooperativ in eine gemeinsame Win-Win-Win-Lösung zu integrieren. Diese erarbeiten die Partner in Phase 4.
Folgendes Vorgehen ist exemplarisch:

1. Gemeinsames Erarbeiten von vielen Lösungsoptionen für die in Phase 3 identifizierten noch offenen Interessen und Bedürfnisse.
2. Gemeinsame Bewertung der Lösungsoptionen anhand gemeinsam vereinbarter ojektiver und interessengerechter Kriterien

92   6 Das Konzept der Ganzheitlichen Projektabwicklung – Die acht Kernelemente

3. Nachträge werden grundsätzlich nur ausgeführt, wenn sich die Parteien über alle Konditionen einig geworden sind.
4. Verschwendungsarme Integration und Umsetzung der Lösungen.
5. Nachhaltige, faire und verbindliche Entscheidungen.

Phase 5: Abnahme/Ingebrauchnahme/Ende des Gewährleistungszeitraums

Die Projektpartner haben gemeinsam etwas Einmaliges erschaffen. Diese Leistung bedarf der ausdrücklichen Wertschätzung. Zudem sind alle Schritte des sukzessiven Abschlusses ebenfalls ganzheitlich geführt zu vollziehen und zu einem guten Abschluss zu führen.
Hierzu folgende Anregungen:

1. Ingebrauchnahme gemeinsam und wertschätzend begleiten.
2. Wertschätzende Abnahme der erbrachten Leistungen.
3. Projektfeier für alle Beteiligten.
4. Nachhaltigkeit beim Betrieb des Gebäudes.
5. Wertschätzender Abschluss nach dem Ende des Gewährleistungszeitraums.

6.2 Lebendige und konstruktive Kommunikation

Ganzheitliche Projektabwicklung ist ein kommunikativer und lebendiger Prozess.
Das Handeln folgt dem Denken, so auch die Kommunikation. Kommunikation ist das Bindeglied zwischen Menschen, die miteinander in einer Beziehung stehen. Ohne Kommunikation findet keine Zusammenarbeit statt. Gute Kommunikation ist daher für die Projektabwicklung essenziell. Je besser die Kommunikation gelingt, desto erfolgreicher wird das Projekt sein, wie Abb. 6.3 verdeutlicht.

6.2.1   Was ist Kommunikation?

Das lateinische Wort „communicare" als Wortursprung bedeutet teilen, sich jemanden mitteilen, etwas besprechen. **Kommunikation ist der Grundstoff der Zusammenarbeit in der Projektabwicklung.** Alle Projektpartner teilen sich mit. Sie ersinnen gemeinsam das Projektziel, besprechen Pläne oder sprechen sich auf der Baustelle ab.

6.2 Lebendige und konstruktive Kommunikation

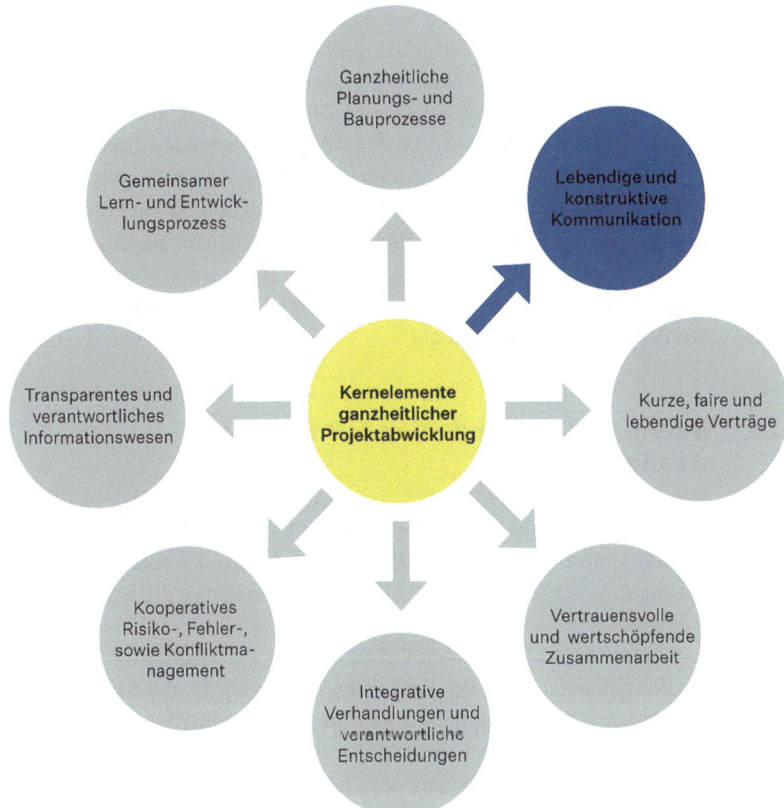

Abb. 6.3 Kernelement: Lebendige und konstruktive Kommunikation

Was, wann und weshalb mitgeteilt wird, ist stets von den handelnden Personen und ihrem „Mindset" abhängig. Im bekannten Sender-Empfänger-Modell hat Friedemann Schutz-von-Thun jeder Botschaft mindestens vier Bedeutungsebenen zugeschrieben. Jede Botschaft enthält mindestens je eine Sach-, Appell-, Beziehungs-, und Selbstoffenbarungsebene, und zwar aus der Perspektive des Senders, der aus seinem persönlichen „Mindset" heraus spricht. Warum etwas angesprochen wird, weshalb ein Appell formuliert wird, sich der Sender bei seiner Botschaft etwa belehrend über den Empfänger stellt oder was er dabei von sich offenbart, nämlich etwa Ängste, Sorgen oder Panik, das entsteht lange bevor es ausgesprochen ist, im Kopf des Senders. Er hält seine Botschaft für notwendig, wenn nicht sogar überlebenswichtig. Auf den zuvor genannten vier Ebenen versucht dann der Empfänger die Botschaften des Senders, soweit er sie gehört hat, mit seinem individuellen „Mindset" zu entschlüsseln und anhand der eigenen Erfahrung zu interpretieren. Was nicht verstanden wird, ersetzt das Gehirn des Empfängers mit eigenen Vorstellungen– jedenfalls nach der konstruktivistischen Wahrnehmungspsychologie – damit dann alles für ihn konsistent ist, also irgendwie Sinn macht. Diese klassische Form menschlicher Kommunikation ist offensichtlich extrem störanfällig. Missverständnisse sind vorprogrammiert, wenn der Sender keinen Einfluss auf die Interpretation des Gesagten hat. Daher ist es essenziell, dass die Kommunikation im Projekt einen lebendigen Austausch im Sinne von rekursiven Verstehensprozessen zwischen den Beteiligten ermöglicht.

6.2.2 Warum ist Kommunikation in Projekten oft angstbesetzt?

Das hohe Missverständnispotenzial allein führt nicht zur angstbesetzten Kommunikation. Es sind vielmehr die individuellen Glaubenssätze der beteiligten Menschen, die zu einem gestörten „Mindset" führen, aus dem heraus die angstbesetzte Kommunikation entsteht.

Neben individuellen und rationalen Gründen, liegt die Hauptursache für die angstbesetzte Kommunikation in der Projektabwicklung oft in unterbewusst wirkenden Denkrahmen. Ein Denkrahmen ist die Einschätzung einer Situation z. B. als riskant und er enthält auch Reaktionen als Maßnahmen der Risikominimierung bereit. Dies ist ein unterbewusster Vorgang des Gehirns, der eine automatisierte Reaktion ermöglicht und damit schnell und energiesparend abläuft.

Meist denken wir unterbewusst bzw. schematisch innerhalb der erlernten oder aufgrund von Erfahrungen gebildeten Denkrahmen. In Stresssituationen wirken häufig Denkrahmen, denen die Annahme zugrunde liegt, der Sinn unseres Lebens läge allein darin zu überleben. In Stresssituationen handeln wir daher schematisch im Grunde wie Steinzeitmenschen in großen Gefahrsituationen. Wir wollen überleben. Leider ist es so, dass wir in diesem Modus nicht mehr bewusst denken und handeln und deshalb auch nicht mehr bewusst kommunizieren können.

Im Konzept der Ganzheitlichen Projektabwicklung ist dagegen das volle Potenzial[3] des Denkens gefragt. Ändern wir den Denkrahmen, bzw. das Setting, so ändern wir auch automatisch unsere Art zu kommunizieren.

---

[3] Siehe auch Abschn. 3.1.

6.2 Lebendige und konstruktive Kommunikation

> **Beispiel**

Angenommen ihr Projektpartner weist sie auf einen Fehler hin. Was denkt in ihnen und was sagen Sie?

a) Denkrahmen Überlebenskampf:.

Bei Ihnen meldet sich zu allererst der Überlebens-Denkrahmen: Gefahr! Der will mich zum Sündenbock machen! Alarm! Dann reagieren Sie wie in einer Gefahrensituation, bei der es ums Überleben geht. Sie mobilisieren den Gegenangriff.
Sie sagen: „Nee, Du bist schuld!"

b) Wertschätzender Denkrahmen:

Die gleiche Situation könnten Sie aber auch in einen wertschätzenden und konstruktiven Denkrahmen stecken: Mein lieber Projektpartner hat mich auf einen Fehler aufmerksam gemacht. Nun habe ich die Möglichkeit, den Fehler schnell zu beheben. Damit kommt es kaum zu Folgeproblemen.
Sie sagen: „Vielen Dank, dass Du mich auf den Fehler hingewiesen hast. Ich werde den Fehler beheben und es in Zukunft besser machen."
Reden wir uns ein, es ginge ums Überleben, ist angstvolle Kommunikation nur die logische Folge. Der dauerhafte und gewohnheitsmäßige Einsatz von Überlebens-Denkrahmen ist beziehungsfeindlich sind. Im Überlebensmodus geht es immer um den Kampf ums Überleben. Kreativität und Verständnis für die andere Perspektive sind im Überlebenskampf nicht vorgesehen. Daher stört der Überlebens-Denkrahmen, wenn er unterbewusst und automatisch das Denken und Handeln steuert, die Entfaltung menschlichen Potenzials und damit die projektdienliche Kommunikation als Grundlage einer erfolgreichen Zusammenarbeit. Der unbewusste Denkrahmen hat enormen Einfluss auf unsere Kommunikation.
Daher: Glauben Sie nicht alles, was Sie denken! – Denken Sie lieber bewusst und gewöhnen Sie sich konstruktive Denkrahmen an! Wenn das gelingt, wird es zur guten Gewohnheit und schließlich zum energiesparenden positiven Denkrahmen. ◄

6.2.3 Exkurs: Die wichtigsten unbewussten störenden Denkrahmen – Vielleicht erkennen Sie sich wieder?

Durch die Bewusstmachung der unterbewusst ablaufenden Denkprozesse können wir entscheiden, wie wir wirklich kommunizieren wollen. Da die schlechte Kommunikation eines der wesentlichen Versagenspunkte der herkömmlichen Projektabwicklung ist, möchte ich hier auf einige wichtige Punkte im Detail eingehen. Überlegen Sie bitte auch, welche der nachfolgenden störenden Denkrahmen Ihnen bekannt vorkommen. Die Denkrahmen lehne ich an die insofern exzellenten Ausführungen von Petra Bock, Der entstörte Mensch[4] an, beziehe diese nachfolgend auf die Projektabwicklung und zeige anschließend auf, wie eine Veränderung des Denkrahmens sich auf die Kommunikation auswirken kann:

- **Katastrophendenken**

Denkrahmen Aus Sicht der Auftragnehmer bedeuteten unfaire vertragliche Rahmenbedingungen zum Beispiel Gefahr. Zur Risikovermeidung werden automatisch alle Veränderungen des Projekts auf Gefahren hin untersucht.

Beispiel „Oh je! Wir können die Frist nicht halten! Gefahr! Haftung! Katastrophe!"

Haben wir in der Projektabwicklung die Haltung, alles Neue immer erst unter dem Gesichtspunkt der größtmöglichen Gefahr zu untersuchen, dann mag dies als Vernunft verkauft werden, ist aber eine „mentale Strategie, die selbst Gefahren mit sich bringt. Wir machen dann nämlich aus jeder Mücke einen Elefanten, lähmen uns mit Horrorszenarien."[5] Katastrophendenken verhindert, nach vorne zu schauen und Chancen zu sehen, Risiken realistisch einzuschätzen und damit verantwortliche Entscheidungen zu treffen. Vom Katastrophendenken getragene unbewusste Kommunikation stört daher die Projektabwicklung, weil sie Innovationen und Lebendigkeit unterdrückt. Zum beispiel, Indem Behinderungsanzeigen geschrieben und abgeheftet werden.

---

[4] Bock, Petra, Der entstörte Mensch, 2020.
[5] Bock, Petra, Der entstörte Mensch, 2020, S. 110.

6.2 Lebendige und konstruktive Kommunikation

> **Empfohlene Vorgehensweise**
> **Konstruktiver Denkrahmen:** Leben ist Veränderung, wir können uns gelassen darauf einlassen, weil wir in der ganzheitlichen Projektabwicklung faire Rahmenbedingungen haben.
> **Konstruktive Kommunikation:** „Wir können die Frist nicht halten. Lass uns mal mit den anderen darüber reden und gemeinsam nach Lösungen suchen, die dem Projekt in seiner Ganzheit zugutekommen."

- **Bewertungsdenken**

Denkrahmen Alles Wahrgenommene wird automatisch bewertet und in eine zweier Hierarchie gestellt, um zu überleben.

Beispiel „Der arrogante Architekt hat doch gar keine Ahnung von Gebäudetechnik. Seine Detailplanung schicken wir ihm schön zurück. Dem zeigen wir es."

Sinnvoll ist Bewertungsdenken, wenn man in der Wildnis einem Krieger begegnet und schnell einschätzen muss, ob er Freund oder Feind ist. In der Projektabwicklung bewerten wir nach diesem Schema oft unbewusst Menschen. Da spielt es eine Rolle, ob eine Aussage von einem Mann oder einer Frau, einem ausländischen Leiharbeitnehmer oder einem diversen Polier getätigt wurde. Eine Hierarchie ist im Kopf. Wir bewerten unsere Projektpartner. Vielleicht wird gelästert, offen geschimpft, ein Gruppenvorurteil verstärkt, etwa Fachplaner vs. Architekten oder Planung vs. Ausführung. In der Projektabwicklung zerstört die Bewertung von Menschen den sicheren Raum, den sie für ein gutes Miteinander benötigen. Konflikte eskalieren.

> **Empfohlene Vorgehensweise**
> **Konstruktiver Denkrahmen:** In der Projektabwicklung bringt uns die Vielfalt weiter. Jeder hat seinen Platz und ist wichtig für das Projekt.
> **Konstruktive Kommunikation:** „Der Architekt hat wirklich eine außergewöhnliche Idee. Nun müssen wir mit ihm gemeinsam überlegen wie die Gebäudetechnik hierin Platz finden kann."

- **Druck**

Denkrahmen Druck ist die mentale Strategie, gezielt Stress zu erzeugen, um alle inneren und äußeren Ressourcen auf ein Ziel hin zu aktivieren.[6]

Beispiel „Wenn wir jetzt nicht das Dach decken, dann regnet es uns den ganzen Winter über rein."

Wir setzen uns unter Druck, indem wir uns ein Wenn-Dann-Szenario ausmalen, welche furchtbaren Folgen eintreten werden, wenn wir nicht schaffen, was wir uns vorgenommen haben und was angeblich sein muss. Druck ist eine wichtige Überlebensstrategie für den Fall, dass wir uns durch eine reale Bedrohung – etwa durch einen Löwen – wirklich in Lebensgefahr befinden. Durch den Druck: Wenn ich jetzt nicht auf den Baum klettere, dann frisst mich das Raubtier, komme ich womöglich wie durch ein Wunder den Baum hinauf. Ich habe letzte Leistungsreserven mobilisiert.

Meist wird der Druck aber in der herkömmlichen Projektabwicklung gezielt eingesetzt, um Menschen anzutreiben oder auch auszubeuten. Zu denken ist insbesondere an Termin,- Kosten- und Qualitätsdruck. Dieser Druck wird oft schon zu Beginn der konventionellen Projektabwicklung aufgebaut und von Vertragspartnern zu ihren Zwecken missbraucht. Dabei stört Druck die Produktivität von Menschen. Er macht uns krank. Antreiben ist nicht nötig, wenn Menschen motiviert sind, weil sie sich sicher fühlen und genügend Zeit und Raum zur Erholung und Entfaltung zur Verfügung steht. Unter Druck funktionieren Menschen wie Maschinen. Dies passt ggf. für Akkordarbeiter auf der Baustelle. Nicht aber für einen verantwortungsvollen ganzheitlichen Prozess der Projektabwicklung. Projektabläufe sowie Kosten und Termine müssen daher verantwortlich und vernünftig festgelegt werden, sodass die Projektpartner in einen produktiven Flow gelangen, der die Balance zwischen Über- und Unterforderung beschreibt. Dann ist die Kommunikation automatisch gelassener, freundlicher und wertschätzender, während in Drucksituationen die allseits bekannten „Ansagen" das Mittel der Kommunikation sind und die Projektpartner davon platt gemacht werden und ihrerseits mit aggressiver Kommunikation ums Überleben kämpfen.

> **Empfohlene Vorgehensweise**
> **Konstruktiver Denkrahmen:** Wir haben hier ein Risiko, das wir gemeinsam managen können.

---

[6] Bock, Petra, Der entstörte Mensch, 2020, S. 114.

6.2 Lebendige und konstruktive Kommunikation

> **Konstruktive Kommunikation:** „Lasst uns überlegen, wie wir mit dem Risiko, des im Winter nicht gedeckten Daches zum Wohle des gesamten Projekts, umgehen wollen."

- **Selbstverleugnung**

Denkrahmen Die Selbstverleugnung ist ein Denkmuster bei dem wir uns selbst vergessen und unterordnen, um zu überleben.

Beispiel „Wenn Sie nun wirklich keine Drainage wollen, dann halte ich das fest, ich übernehme keine Haftung."

Dies hat nichts mit Rücksichtnahme zu tun. Gemeint ist die Kehrseite der Dominanz. Wir zeigen in Gefahrensituationen Unterwürfigkeit und wollen damit Verschonung erreichen. Selbstverleugnung ist selbstzerstörerisch, wenn die Unterordnung unter Menschen oder Strategien erfolgen sollen, die selbst lebensfeindlich, aggressiv und destruktiv sind. Wenn etwa der Bauherr in einer konventionell aufgesetzten Projektabwicklung beim ersten Gespräch bereits mit zwei Anwälten auftaucht und diese den Planer über eine Stunde hinweg kleinzumachen versuchen, wollen sie ihn dominieren und seine Selbstverleugnung bewirken. Welchen wertvollen Beitrag soll ein kleingemachter Planer zu dem Projekt leisten? Dieses Dominanzgehabe passt nicht in die Ganzheitliche Projektabwicklung, bei der sich Menschen auf Augenhöhe begegnen und nur im guten Miteinander Großartiges erschaffen können und wollen. Hier gilt es vielmehr, sich im genannten Beispiel bleibend als Planer nicht klein machen zu lassen, sondern ruhig und gelassen für sich und seine Interessen einzustehen, sodass diese im gemeinsam auszuhandelnden Interessenausgleich angemessen berücksichtigt werden.

Dominanz führt nur dann zur Selbstverleugnung, wenn der Empfänger die Situation als Überlebenskampf einordnet und diesen Denkrahmen als bestmögliche Überlebensstrategie einschätzt. Um diese Fehleinschätzung zu vermeiden und auch um unangebrachtes Dominanzverhalten zu vermeiden, muss eine verantwortungsvolle, partnerschaftliche Kommunikationskultur erschaffen und aufrechterhalten werden, die diese unbewussten Denkmuster aufdeckt und in eine konstruktive Kommunikation überführt.

> **Empfohlene Vorgehensweise**
> **Konstruktiver Denkrahmen:** Es geht um meinen verantwortlichen Beitrag zum Funktionieren des Werkerfolges.
> **Konstruktive Kommunikation:** „Ich stehe hier gerade für die ordnungsgemäße Entfeuchtung. Dies funktioniert nur mit der Drainage. Darf ich Ihnen die Zusammenhänge bitte genauer erklären?"

- Misstrauen

Denkrahmen Wenn das Leben in der Projektabwicklung als Überlebenskampf aufgefasst wird, dann ist es vernünftig, misstrauisch zu sein.

Beispiel „Der Handwerker pfuscht doch absichtlich, weil er sich über den schlechten Preis ärgert."

In konventionellen Projekten findet sich ein hohes Maß an Misstrauen. Dieses Störungsmuster wird häufig mit sog. „Vernunft" verwechselt. Es hat aber nichts mit Vernunft zu tun, wenn wir anderen Menschen oder Ideen sofort und von vornherein unterstellen, sie seien böse oder hätten unlautere Absichten. „Wer anderen misstraut, traut sich meistens selbst nichts oder nur das Schlimmste zu. Das bedeutet, dass wir uns selbst täuschen, weil wir etwas als sicher konstruieren, was wir gar nicht sicher wissen können."[7]

Im Modus des Misstrauens werden Vorurteile gepflegt, wir verschanzen uns, machen zu und wappnen uns gegen mögliche Verletzungen. Dies ist Gift für jede Beziehung, weil Misstrauen als Denkrahmen jedes Miteinander von innen heraus aushöhlt. Vertrauen als Basis menschlichen Zusammenwirkens wird untergraben und zerstört. Durch den unbewussten Denkrahmen Misstrauen sowie ggf. tatsächlich gefährliche Elemente wie unfaire Vertragsgestaltungen, ist in der herkömmlichen Projektabwicklung eine Misstrauenskultur entstanden, die dazu führt, dass jeder Beteiligte tatsächlich meint oder sogar davon überzeugt ist, es laure überall lebensbedrohliche Gefahr. Durch Misstrauen werden die Projektbeteiligten davon abgehalten, zu kooperieren und auf andere zuzugehen.

Die Kommunikation versiegt und wird oft durch schriftliche oder digitale Dokumentationen des Versagens der Anderen ersetzt. Dies ist Ausdruck absolut angst-

---
[7] Bock, Petra, Der entstörte Mensch, 2020, S. 118 f.

6.2 Lebendige und konstruktive Kommunikation

besetzter Kommunikation, bei der aus Angst vor wirtschaftlichen Nachteilen Dokumentiert und geschrieben wird.

Für eine erfolgreiche Projektabwicklung brauchen wir erlebbares und nachvollziebares, aber nicht blindes Vertrauen. Hierzu sind viele Gespräche auf Augenhöhe und mit konstruktiver, respektvoller Haltung zu führen. Überleben und vor allem erfolgreich sein im Projekt werden diejenigen, die gelassen, wertschätzend und offen miteinander auf Augenhöhe sprechen. So erzeugen sie Vertrauen, das unverzichtbare Grundlage der kollaborativen Zusammenarbeit in der Projektabwicklung ist.

> **Empfohlene Vorgehensweise**
> **Konstruktiver Denkrahmen:** Ich vertraue zunächst allen Partnern der Projektabwicklung.
> **Konstruktive Kommunikation:** „Vielen Dank, dass ich mich auf Sie verlassen kann."

Durch eine konsequente Anwendung des konstruktiven Denkrahmens wird Gelassenheit im zwischenmenschlichen Umgang zur guten Gewohnheit. Damit ist eine wesentliche Grundlage für eine sachgerechtere Kommunikation mit Fokus auf das Best mögliche Gelingen des Projekts geschaffen. Achtsame Gelassenheit als Kultur ist das Gegenteil von Dauerstress, beugt Krankheiten vor und stärkt die Gemeinschaft.

Gelassenheit ist aber auch die Basis für in der ganzheitlichen Projektführung notwendige Vertrauen auch im Sinne von Geduld in die Leistungskraft der Partner und deren Ermutigung sich stets weiter zu verbessern. Nur wem etwas zugetraut wird, der fühlt sich sicher und kann über sich hinauswachsen.

- **Starre Regeln**

Denkrahmen Man kennt Regeln und beurteilt die Welt danach, dadurch ist das Überleben in der Projektabwicklung gesichert.

Beispiel „Wenn wir die VOB/B nicht verwenden, dann wissen wir nicht, wie wir uns verhalten sollen."

Diese **Wenn-dann-Konstruktion** ist ein Denkrahmen, der in der Projektabwicklung zu der bestehenden Fehler- Un-Kultur geführt hat. Es geht hier darum, anderen Fehler vorzuwerfen und sie als Schuldige zu identifizieren.
Wie etwa: Wenn jemand unpünktlich ist, respektiert er mich nicht.

Die starren Regeln in der Projektabwicklung sind auch teilweise die Regelungen der VOB/B. Was muss wer tun? Kann mir der andere etwas anhaben? Kenne ich mich hier besser aus als der andere?

Sind starre Regeln als unbewusster Denkrahmen Urheber der Kommunikation, dann geht es darum, das Überleben im Projekt zu sichern und nicht darum, das Beste für das Projekt zu tun. Die Folge sind eine Kettenreaktion aus Fehlervorwürfen, Schuldzuweisungen und eine Unmenge unmenschlicher Kommunikation, teilweise auch unter der Gürtellinie.

Auch beliebt in diesem unbewussten Denkrahmen ist der Glaubenssatz „Das haben wir schon immer so gemacht". Diese Regelfixierung bewirkt eine verengte Sicht auf die Dinge. Kreativität und Vielfalt wie auch Innovationen sind hier nicht willkommen. Genau diese agilen Denkrichtungen sind aber für die Abwicklung komplexer Projekte enorm wichtig. Wer unbewusst in starren Regeln denkt, der nimmt Regeln zum Anlass seiner Kommunikation und teilt seine hierzu bestehenden Auffassungen. Automatisch erfasst er weder das Projekt wie es ist, noch seine Projektpartner wie sie sind, sondern immer nur den Aspekt, der im Zusammenhang mit den für ihn bedeutsamen Regeln steht. Dadurch kann Feindschaft entstehen, die dann mitunter auch kommuniziert wird. Dies ist für die Zusammenarbeit im Projekt überaus schädlich.

Empfohlene Vorgehensweise
Konstruktiver Denkrahmen: Alles, was dem Projekt in seiner Ganzheitlichkeit dient, darf und soll sein. Wir lernen gerne dazu.
Konstruktive Kommunikation: „Lassen Sie uns doch einfach einmal ausprobieren, wie die Abwicklung eines komplexen Projekts ohne VOB/B und lange Verträge funktioniert."

Zwischenfazit
In der Projektabwicklung und den damit zusammenhängenden komplexen Aufgaben, gibt es tatsächlich diverse Gefahrensituationen, die aufmerksam und adäquat wahrgenommen werden müssen. Allein die Tatsache, dass es diese Gefahren gibt, führt in der herkömmlichen Projektabwicklung häufig aufgrund unfairer Vertragsrahmen zu einem erhöhten Verlust- oder Imagerisiko und geht daher mit einem Katastrophendenkrahmen einher, welcher Ursache für noch mehr Gefahren, wie etwa gesteigertem Konfliktpotenzial oder Qualitätsverlusten ist.

Entsteht dagegen eine Kultur der aufmerksamen Gelassenheit, dann ist es möglich, den Gefahren genau ins Auge zu sehen, ohne sogleich von der Angst bestimmt zu werden. Dann ist auch die Kommunikation konstruktiv und kreative Problemlösungen möglich.

Der aktuelle stressauslösende Denkrahmen in der Projektabwicklung muss verlassen werden, hierzu bedarf es unter anderem auch fairer vertragsrechtlicher Rahmenbedingungen, die Grundlage für das Vertrauen der Projektpartner sind, denn diese Rahmenbedingungen/Spielregeln bestimmen auch unseren Denkrahmen und damit unsere Kommunikation.

6.2.4 Durchgängig konstruktive Kommunikation

Wir sagen das, was unserem Denkrahmen entspricht. Menschen haben grundsätzlich einen Cocktail aus unterschiedlichen unterbewusst ablaufenden Denkrahmen in ihrem individuell angelegten „Mindset" und können zunächst gar nicht anders als entsprechend unbewusst zu kommunizieren. Laufen störende unterbewusste Denkrahmen bei den Projektpartnern ab, dann können diese nicht in der erforderlichen Weise kommunizieren, auch wenn sie sich in einer Charta am Anfang des Projekts ggf. dazu mit bestem Willen verpflichtet haben. Ihr unbewusst schematisches Denken verhindert eine ermutigende, kreative, verantwortliche und wohlwollende Kommunikation. Dies ist keine böse Absicht, sondern es liegt an automatischen Vorgängen in unserem auf Überleben trainierten Denken.

Um in der Ganzheitlichen Projektabwicklung optimal zu kommunizieren, ist es erforderlich, dass sich die Partner bewusst sind, dass es generell diese störenden Denkrahmen gibt und jeder solche im Kopf hat. Keiner ist dabei besser als der andere. Daher müssen sich die Projektpartner gemeinsam der Aufgabe unserer Zeit stellen und bewusst kommunizieren. Das ist möglicherweise enorm anstrengend, weil die Kommunikation nicht mehr automatisch, sondern bewusst ist und damit zunächst die ganze Aufmerksamkeit in Anspruch nimmt. Eine durchgängig konstruktive Kommunikation kann nicht verschrieben werden, sondern muss bewusst praktiziert, erlebt und erlernt werden. Die ganzheitlich mediativ arbeitende Projektführung kann den Rahmen dafür bereithalten, tatsächlich konstruktiv zu denken und zu kommunizieren, ist eine freiwillige Entscheidung der Partner.

Sind die kommunikativen Prozesse der Projektabwicklung von vornherein als gemeinsamer Lernprozess in bewusster Kommunikation aufgesetzt, so fällt es den Partnern sicher leichter, ihre Kommunikationsgewohnheiten zu ändern und konstruktive Kommunikation zur guten Gewohnheit werden zu lassen. Dies sicherzustellen ist wiederum Aufgabe einer ganzheitlichen Projektführung.

Bewusste Kommunikation beginnt mit dem bewussten und aktiven Zuhören. Findet dieses mit echtem Interesse statt, kann ein Prozess des Verstehens in Gang gesetzt werden, der wiederum zu dem Verständnis der gemeinsamen Projektrealität beiträgt. Grundlage hierfür ist gegenseitige Wertschätzung und Verstehen der eigenen Interessen und Bedürfnisse wie auch die der anderen Projektbeteiligten. Um dies zu erreichen, sollte die Methode der Gewaltfreien Kommunikation,[8] die als Haltung und Sprache des Lebens bekannt geworden ist, wesentlicher Teil des Kommunikationskonzepts in der Ganzheitlichen Projektabwicklung sein.

6.2.5 Mediativ unterstützte Kommunikation als Lernprozess

„Gedacht ist nicht gesagt. Gesagt ist nicht gehört, gehört ist nicht verstanden, verstanden ist nicht gekonnt, gekonnt ist nicht einverstanden, einverstanden ist nicht umgesetzt und beibehalten." (Konrad Lorenz)

Bewusste Kommunikation heißt, sich die unterbewusst ablaufenden Mechanismen menschlicher Kommunikation anzusehen. Das betrifft in der Projektabwicklung alle Ebenen und alle Partner. Bewusste Kommunikation ist das Ergebnis bewussten Denkens. Sie ist darauf ausgerichtet, im Rahmen eines neugierigen und rekursiven Verstehensprozesses zu ermitteln, was der Sender tatsächlich gemeint hat und was der Empfänger braucht, um es zu verstehen. In einem interaktiven Verstehensprozess erschaffen die an der Kommunikation Beteiligten ihre gemeinsame Realität. Das bedeutet konstruktiv zu kommunizieren. In der ganzheitlichen Projektabwicklung wird der Denkrahmen bewusst ausgerichtet auf die Frage, was das Beste für das Projekt ist. In diesem Zusammenhang bedeutet konstruktive Kommunikation, dass sich die Partner gezielt in diesem Sinne austauschen.

Das Bauwerk ist das Ergebnis erfolgreicher Kommunikation und gekonnter Umsetzung

Die bewusste Kommunikation lohnt sich, weil mehr Verständnis und dadurch mehr Sicherheit in der Beziehung entsteht. Dies reduziert die Angst und ermöglicht Potenzialentfaltung aller Beteiligter, die für eine erfolgreiche Projektabwicklung unerlässlich ist. Diese bewusste Kommunikation ist den Projektpartnern allein nicht

---

[8] Siehe auch Abschn. 3.4.3. sowie Rosenberg, M., Gewaltfreie Kommunikation, Eine Sprache des Lebens, Paderborn, 12. Aufl. 2016.

6.2 Lebendige und konstruktive Kommunikation

durchgängig möglich, weil sie ihre unterbewussten Denkrahmen nicht einfach ausschalten können, auch wenn sie dies möchten. Daher ist bewusstes Kommunizieren in einen Lernprozess einzubetten, der sowohl von der ganzheitlich arbeitenden Projektführung als auch von darauf geschulten Mediatoren unterstützt wird.

- In der Ganzheitlichen Projektabwicklung ist die bewusste Kommunikation von vornherein zu etablieren.
- Dieser Lernprozess wird aktiv von der ganzheitlichen Führung unterstützt, um ein Bewusstsein für das Unterbewusste zu schaffen und damit den Grundstein für eine verantwortliche Kommunikation zu setzen.
- Zusätzlich werden Gespräche wie auch der Lernprozess mediativ unterstützt.

Lernen die Projektpartner bewusst zu kommunizieren, dann kann sich ihr Denken in Richtung echter Kollaboration entwickeln. Wie in jedem persönlichen Lernprozess wird es hier immer individuelle Wege geben. Je mehr positive Erfahrungen in der bewussten Kommunikation gemacht werden, desto früher stellen sich die Denkrahmen und Gewohnheiten partnerschaftlicher, kollaborativer und integrativer Zusammenarbeit ein.

Bewusste Kommunikation ist entscheidend für den Projekterfolg. Im Konzept der ganzheitlichen Projektabwicklung wird die bewusste Kommunikation durch mediative Unterstützung der Gespräche und einen bewussten gemeinsamen Lernprozess sichergestellt.

6.2.6 Positiver Humor für Lernprozesse und lebendige Kommunikation

Humor ist angstminimierend und wirkt den störenden Denkrahmen entgegen, wenn nicht auf Kosten anderer Witze gemacht werden. Durch positiven Humor verlassen wir die gewohnten Denkrahmen, denn er funktioniert genauso: Die plötzliche Wendung in einem Witz ist nur dann wirklich lustig, weil etwas Unvorhergesehenes, etwas Überraschendes passiert. Dieses Element entstammt immer einem anderen Denkrahmen.

Beispiel „Warum sollte man nie Cola und Bier zusammen trinken? – Weil man sonst colabiert."

Diese Erkenntnis, dass Lachen uns aus dem alten Denkrahmen befreit und uns offen für neues macht, nutzen ganzheitlich arbeitende Führungspersönlichkeiten wie auch die projektinternen Mediatoren. So bringen sie Leichtigkeit und frischen Wind in die Projektabwicklung und schaffen die Voraussetzung für Kreativität und konstruktives Kommunizieren. Positiver Humor macht die Kommunikation angstfrei, denn wir befreien uns im Moment des Lachens von der Angst. Daher ist bewusst humorvolle Kommunikation eine lebendige Kommunikation.

Durch das Lachen schütteln wir alte Muster und auch Emotionen ab, sind kreativ und offen für Neues.

„Humor ist die einzige Form der Kommunikation, bei der ein Reiz auf einer hohen Stufe der Komplexität eine stereotype, vorhersehbare Reaktion auf der Stufe der physiologischen Reflexe auslöst." (Vera Birkenbihl).[9]

Mit Humor aktivieren wir unsere Kreativitätspotenziale. Genau dies ist für die erfolgreiche ganzheitliche Projektabwicklung erforderlich. Hierdurch wird auch lebendige und konstruktive Kommunikation gefördert.

6.3 Kurze, faire und lebendige Verträge

Verträge sind ein wesentliches und verbindliches Steuerungselement für den Ablauf der Projektabwicklung. Hier werden die Spielregeln vereinbart und damit unmittelbar einhergehend die Grundlage wirtschaftlichen Erfolgs oder Mißerfolgs gelegt. Unfaire voluminöse und preisgetriebene Vertragswerke sind einer der Hauptgründe, weshalb es zu den alltäglichen und massiven Konflikten in der herkömmlichen Projektabwicklung kommt, die häufig die Gerichte beschäftigen und ein Bauprojekt im Grunde für alle Seiten unwirtschaftlich werden läßt.

Verträge müssen nicht lang und unfair sein, sie können auch kurz sein und einen fairen Rahmen für eine konstruktive Zusammenarbeit und nachhaltige Wertschöpfung bilden. Sie sind neben Führung und Kommunikation eine wesentliche Grundbedingung mithin ein Kernelement für eine gelingende ganzheitliche Projektabwicklung (s. Abb. 6.4).

6.3.1 Rechtlicher Rahmen für die Projektabwicklung in Deutschland

Verträge bieten den Projektpartnern die Möglichkeit, sich selbst rechtsverbindliche Spielregeln für die Zusammenarbeit zu geben. Das Bürgerliche Gesetzbuch (BGB)

---

[9] Siehe hierzu: Birkenbihl, Vera F., Humor, An ihrem Lachen soll man Sie erkennen, München, 9. Aufl. 2018, S. 53 ff.

6.3 Kurze, faire und lebendige Verträge

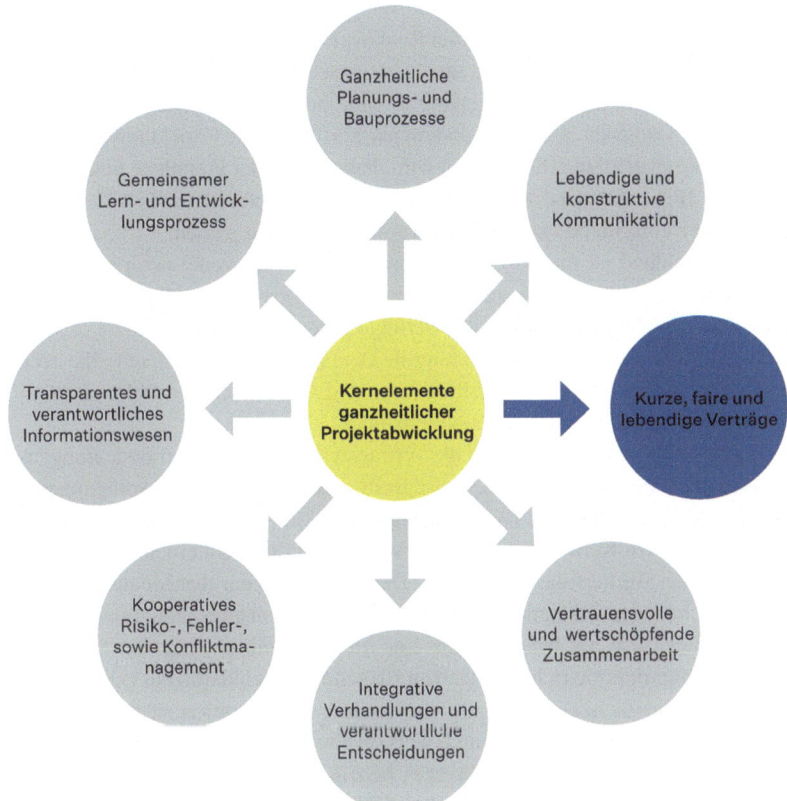

Abb. 6.4 Kernelement: Kurze, faire und lebendige Verträge

gibt einen fairen gesetzlichen Rechtsrahmen für alle relevanten Vertragsarten vor, innerhalb dessen Verträge im Wege der sogenannten Privatautonomie gestaltet werden können. Die Vertragspartner sind grundsätzlich frei, zu regeln, was sie möchten solange sie damit nicht gegen bestehende Gesetze oder die guten Sitten verstoßen. Ein Bauvertrag kann 300 Seiten, aber auch nur 5 Seiten umfassen. In beiden Fällen gibt es für alle Rechtsfragen Antworten. Einmal stehen sie im kurzen Vertrag, ergänzt durch die gesetzlichen Regelungen im BGB und einmal im umfangreichen Vertragswerk nebst AGBs. Im ersten Fall haben sich die Parteien einen umfangreichen eigenen Rahmen geschaffen, über dessen unfaire Risikogestaltungen sie sich während und nach der Vertragslaufzeit streiten und im zweiten Fall lassen sie sich auf den knappen und auf Kooperation ausgelegten gesetzlichen Rahmen ein, der transparent und fair ist, weil er klar verständlich ist und keine unfairen oder unvorhersehbaren Risikoverteilungen enthält.

In angloamerikanischen wie auch teilweise in skandinavischen Projektabwicklungen sind statt Gesetzgebung flexible branchenspezifische Standardverträge üblich. Da genau in diesen Ländern partnerschaftliche Projektabwicklung bereits seit Jahren erfolgreich betrieben wird, haben sich hier komplexe Standardverträge wie IPD-, Allianz- oder Mehrparteienverträge etabliert, die teils für IPA Projekte in Deutschland übernommen werden, aber nicht passen.

In Deutschland ist man weder auf komplexe Vertragswerke noch auf komplizierte Standardverträge angewiesen, weil es einen gesetzlichen Rahmen im BGB für alle planungs- und baurelevanten Verträge gibt.

Relevant für die Projektabwicklung in Deutschland sind einerseits die rechtlichen Beziehungen zwischen Auftraggeber und Auftragnehmer und andererseits diejenigen der Projektbeteiligten untereinander.

Für die Projektabwicklung sind die Vertragstypen des BGB von Bedeutung, insbesondere der Werkvertrag, gem. § 631 BGB, in den speziellen Ausprägungen als Bauvertrag gem. §§ 650 a ff. BGB oder als Architekten- und Ingenieurvertrag gem. § 650 p BGB. Im Kern verpflichtet der Werkvertrag den Unternehmer dazu, den versprochenen Werkerfolg herzustellen. Das Werk muss darüber hinaus auch ohne ausdrückliche oder zusätzliche Vereinbarung zwecksentsprechend funktionieren. Wer beispielsweise als Unternehmer eine Heizungsanlage schuldet, haftet also nicht nur dafür, dass sie richtig eingebaut ist, sondern auch dafür, dass sie im kalten Winter für Behaglichkeit sorgt, also auch richtig dimensioniert ist für das zu beheizende Gebäude. Diese unbedingte werkvertragliche Erfolgshaftung für den Erfolg und das Funktionieren des Werkes betrifft grundsätzlich alle Bereiche der Projektabwicklung, sei es beim Planen oder beim Bauen. Der Auftraggeber darf mithin umfassend auf den Gesamterfolg des Werkes vertrauen.

Die Vertragsgestaltungen sind stark beeinflusst von den Standardklauseln der Honorarordnung für Architekten und Ingenieure (HOAI) und der VOB/B. Diese modifizieren seit einigen Jahrzehnten branchenweit die Vertragsbeziehungen zwischen Auftraggebern und Auftragnehmern und beeinflussen damit ihr Denken und Handeln maßgeblich. Leider haben sie – als unbeabsichtigter Effekt – zu Misstrauen und zu der konfliktreichen Baukultur beigetragen, wie wir sie heute beklagen. Die Zusammenhänge werden sogleich erläutert.

6.3.2 Architekten- und Ingenieurverträge

§ 650 p BGB kodifiziert den Architekten- und Ingenieurvertrag. Es handelt sich um einen besonderen Typ des Werkvertrages. Das bedeutet, dass grundsätzlich das

6.3 Kurze, faire und lebendige Verträge

gesetzliche Werkvertragsrecht zur Anwendung kommt und einige Besonderheiten speziell nur für Architektur- und Ingenieurleistungen gelten. §§ 650p-q BGB wurden im Jahr 2018 im Zuge der erstmaligen Regelung des Baurechts in das BGB eingefügt. Damit ist ein fairer Rechtsrahmen bezogen auf den Kernbereich der Architekten- und Ingenieurverträge geschaffen.

6.3.2.1 Die neue HOAI 2021/202x – Chancen für sinnvolle Vertragsgestaltungen

1971 wurde mit Einführung der HOAI für Architekten- und Ingenieurverträge ein zwingendes Preisrecht im Sinne von Mindest- und Höchstsätzen etabliert wie es in anderen Branchen, die ebenfalls auf Werkvertragsrecht basieren, unbekannt ist. Diesen Eingriff in die Privatautonomie rechtfertigte die Politik damit, dass Architekten- und Ingenieurleistungen einer gewissen Qualität entsprechen sollten. Allerdings führte diese Preisregulierung in der Praxis nicht zu mehr Qualität, sondern oft dazu, dass zunächst günstige Pauschalangebote von Planungsbüros als Eintrittskarte in das Projekt genutzt wurden, um später bei der Schlussrechnung das Ass „zwingend einzuhaltender Mindestsatz" aus dem Ärmel zu ziehen. Es kam zu unzähligen sog. Honoraraufstockungsklagen. Dieses Spiel mit doppeltem Boden führte in der Praxis dazu, dass Bauherrn schlechte Erfahrungen machten und für sich resümierten, dass auf die vertragliche Einigung hinsichtlich des Preises aber auch auf den Vertragspartner selbst kein Verlass war. Als unbeabsichtigter Nebeneffekt der HOAI kam es so zu sehr großem Misstrauen zwischen Bauherr und Planer in der herkömmlichen Projektabwicklung.

Darüber hinaus hat der EUGH in seiner Entscheidung vom 04.07.2019 – C-377/17 festgestellt, dass das zwingende Preisrecht der HOAI gegen die europäische Dienstleistungsrichtlinie verstößt und daher nicht mehr angewendet werden darf. Die HOAI wurde entsprechend überarbeitet und spricht nun in ihrer Version aus dem Jahr 2021 von Basishonorar und höheren Honorarzonen, die gem. § 2 a HOAI 2021 nunmehr jeweils als Orientierungswerte zu verstehen sind.

Die Vertragsparteien sind nicht mehr gezwungen, nach der HOAI abzurechnen. Hierin liegen große Chancen für die projektindividuelle Vergütungsvereinbarung.

6.3.2.2 Die HOAI 2021 passt nicht für moderne und nachhaltige Planungs- und Überwachungsleistungen

Die Inhalte der Leistungspflichten, die in der HOAI seit Jahrzehnten im Rahmen von insgesamt 9 Leistungsphasen beschrieben werden und jeweils Bezugspunkt für die Abrechnung erbrachter Leistungen sind, wurden von der HOAI 2021 nahezu unverändert übernommen, obwohl es auch hier einen erheblichen Änderungsbedarf gibt, weil die Regelungen aus den 1970er-Jahren zur Projektabwicklung von heute nicht mehr passen:

- **Unterbewertung der Startphase**

Die HOAI 2021 behält die von Anfang an in der HOAI bestehende Geringschätzung der ersten beiden Leistungsphasen bei, obwohl in der Branche und auch nach dem Paretoprinzip bekannt ist, dass gerade eine sehr gut durchgeführte Startphase mit einer überlegten Bedarfsermittlung etwa nach DIN 18205 entscheidend für den Erfolg des gesamten Projekts ist: Es kommt zu weniger Änderungen. Lebenszyklus- wie auch Nachhaltigkeitsinteressen können von vornherein verantwortlich in die Planung integriert werden.

Solange aber Architekten und Ingenieure nach der HOAI 2021 für die Leistungsphase 1 nur 2 % und für die Leistungsphase 2 nur 9 % bekommen, entspricht dies nicht dem enormen Aufwand, den eine gründlich und ganzheitlich bearbeitete Startphase erfordert. Zwar kann die Bedarfsermittlung selbstverständlich als besondere Leistung beauftragt werden, aber sie ist eben nicht Standard und daher nicht im Bewusstsein der Bauherren verankert.

Eine grundsätzliche Neu- und Andersbewertung der Startphase ist dringend erforderlich und kann ab sofort von den Vertragsparteien selbst vorgenommen werden, indem sie ganzheitliche Leistungspflichten der Planer für die Startphase vereinbaren.

- **Nicht mehr zeitgemäße Bewertung der Leistungsphasen 3 und 5**

Die in der HOAI 2021 vorgesehene Bewertung der Vergütung in Leistungsphasen 3 und 5 ist nicht mehr zeitgemäß. Für Leistungsphase 3 sind 17 % und für Leistungsphase 5 sogar 22 % der Gesamtvergütung vorgesehen. Während in den 1970er-Jahren Architekten und Ingenieure noch mit der Hand gezeichnet haben und die Inhalte sowie die Bewertungen der Leistungsphasen 3 und 5 dem tatsächlich immensen Aufwand entsprachen, ist es heute, im Zeitalter der Digitalisierung völlig anders. Die Leistungsphasen und ihre angemessene Bewertung müssen neu definiert werden, besonders dann, wenn mit BIM geplant wird. Dann wird nämlich bereits in Leistungsphase 3 der HOAI jedes Detail mit seinen Eigenschaften definiert, was eigentlich erst in Leistungsphase 5 der HOAI vorgesehen ist. Damit werden Leistungen deutlich vorgezogen. Dem muss mit einer neuen Beschreibung der zu erbringenden Leistungen und der zugehörigen prozentualen Gewichtung des

6.3 Kurze, faire und lebendige Verträge

Honoraranteils Rechnung getragen werden. Die Vertragspartner können dies unabhängig von einer HOAI Reform bereits jetzt so vereinbaren.

- **Fehlende Leistungsbereiche**

Darüber hinaus berücksichtigt die HOAI in den von ihr aufgestellten Leistungsphasen weder die Inbetriebnahme und Nachsteuerung von Anlagen noch Aufgaben im Zusammenhang mit Ressourcenschonung, wie etwa den lebenszyklusgerechten Rückbau und Recycling. Dies ist aber im Sinne einer verantwortlichen und ganzheitlichen Herangehensweise erforderlich.

- **Zeitunabhängiges Honorar**

Ein weiterer Punkt, der zu einem sehr starken Ungleichgewicht und einem erheblichen wirtschaftlichen Risiko für Unternehmer führt, ist das grundsätzlich zeitunabhängige Vergütungssystem der HOAI. In der Objekt- bzw. Bauüberwachung hat der Auftragnehmer pauschal einen Anspruch auf 35 % des Gesamthonorars, unabhängig von der aufgewandten Zeit. Verzögert sich aber die Bauzeit erheblich, was bei Großbaustellen oft der Fall ist, dann ist das HOAI-Pauschalhonorar möglicherweise schnell nicht mehr auskömmlich. Ein Ungleichgewicht zu Lasten des Unternehmers entsteht.

Die Parteien eines Architekten- und Ingenieurvertrages können nun eigene Wege gehen. Diese Möglichkeit sollte zur fairen Rechtsgestaltung ganzheitlich ausgeschöpft werden, indem projektindividuelle Leistungsbeschreibungen und Vergütungen verhandelt werden. Die HAOI 2025 wird einige dieser Punkte neu regeln. Wie genau, stand im Zeitpunkt der Verfassung dieses Textes leider noch nicht fest.

6.3.2.3 Die Crux mit den Stufenverträgen im Planerbereich

Die Vergabehandbücher der öffentlichen Hand sehen zur Vereinheitlichung der Vertragsabwicklungen unter anderem sog. Stufenverträge vor. Dabei umfasst eine Beauftragungsstufe immer bestimmte Leistungsphasen nach der HOAI. Der Vertrag beginnt mit Stufe 1. Nur dann, wenn Stufe 2 abgerufen wird, ist diese auch beauftragt, usw. Der Unternehmer hat also von Beginn an keinen Vollauftrag, sondern nur einen fragmentierten Auftrag, bezogen auf bestimmte Leistungen. Ganzheitliches Denken und Handeln im Sinne des Projekts wird durch Stufenverträge geradezu verhindert, denn der Unternehmer kann nur das Beauftragte abrechnen. Denkt er weiter oder erbringt er Leistungen aus späteren und noch nicht beauftragten Leistungsphasen, wäre dies wirtschaftlich unsinnig für ihn. Mit diesen

Stufenaufträgen wollte sich die öffentliche Hand offenbar Kosten im Fall von sonst sehr teuren freien Kündigungen gem. § 648 BGB ersparen. Im Fall einer freien Kündigung gem. § 648 BGB eines Architekten- oder Ingenieurvertrages besteht nämlich die Gefahr, dass auch die noch nicht erbrachten, aber beauftragten Leistungen mit einem in der Praxis zumeist nur sehr geringen Abschlag vollständig vergütet werden müssen. Um dieses mitunter immense Kostenrisiko für den Fall der freien Kündigung zu reduzieren, wurden Stufenverträge eingeführt. Dass damit aber das Mitdenken und das Engagement der Planer deutlich eingeschränkt wird, nehmen ihre Verwender in Kauf. Hier siegt vermutlich die Angst vor Kostenrisiken über dem Interesse an ihrer Komplexität entsprechend ganzheitlich abgewickelten Projekten. Dieser Zusammenhang wird selten so klar gesehen.

Dort wo sich Projektpartner frei entscheiden können, also meist bei privaten Bauvorhaben, sollten sie sich für die gesamte Projektdauer binden, um eine möglichst hohe Verbindlichkeit, Verantwortlichkeit und Motivation, im ganzheitlichen Sinne für das Projekt zu erreichen. Wer Angst vor dem Kostenrisiko einer freien Kündigung hat, sollte diese vermeiden, indem er Ganzheitliche Projektabwicklung betreibt und damit in eine faire und konstruktive Umgangsweise und Einigungskultur zu seinen Vertragspartnern investiert.

6.3.3 Die VOB/B ist ungeeignet für partnerschaftliche Zusammenarbeit

Die VOB/B ist ein vom Deutschen Vergabe- und Vertragsausschuss (DVA) entwickeltes und fortgeschriebenes Klauselwerk, das als Allgemeine Geschäftsbedingungen (AGB) für Verträge über Bauleistungen von der öffentlichen Hand anzuwenden ist. Sie wird seit 1926 als DIN 1961 herausgegeben. Auch heute, nahezu 100 Jahre später, sind Teile der VOB/B 1926 in der aktuellen Fassung in wesentlichen Teilen weitgehend gleichlautend enthalten.

6.3.3.1 Weshalb bestimmt die VOB/B die meisten Verträge in der Ausführung?

Die VOB/B ist also kein Gesetz und doch hat sie branchenweite Wirkung. Dies liegt daran, dass in der Weimarer Republik der Gesetzentwurf über das „Verdingungswesen", also die vertraglichen Ausgestaltungen für Bauleistungen, mit großer Mehrheit abgelehnt wurde. Um nun dennoch branchenweit einheitliche Vertragsregelungen zu haben, wurde vom Reichsfinanzministerium der Reichsverdingungsausschuss (RVA) eingesetzt und damit beauftragt, eine eigenständige Verdingungsordnung, mithin die VOB/B zu erschaffen. Dieser Ausschuss war paritä-

6.3 Kurze, faire und lebendige Verträge

tisch mit Vertretern der Auftraggeber- und der Auftragnehmerseite besetzt. 1947 wurde er zum Deutschen Vergabe- und Vertragsausschuss für Bauleistungen (DVA). Die VOB/B wurde über mehrere Jahrzehnte hinweg zum marktbeherrschenden Regelwerk, nicht zuletzt, weil die öffentliche Hand die VOB/B bei öffentlichen Aufträgen über Bauleistungen zu verwenden hat. Damit wirkt sie im Grunde wie ein Gesetz jedenfalls im Bereich der öffentlichen Bauvorhaben. Private Auftraggeber waren noch nie dazu verpflichtet, die VOB/B zu verwenden, dennoch wird sie auch hier üblicherweise zum wesentlichen Vertragsinhalt.

6.3.3.2 Die VOB/B ist dem Auftragnehmer gegenüber unfair

Ist die VOB/B als Ganzes in den Bauvertrag einbezogen, so genießt sie eine vom Richterrecht bestätigte Privilegierung, sodass ihre Klauseln keiner gerichtlichen Kontrolle unterzogen werden dürfen. Vereinbaren aber die Vertragsparteien kleinste Abweichungen, dann sind alle Klauseln der VOB/B isoliert nach dem Recht der Allgemeinen Geschäftsbedingungen, insbesondere nach § 307 Abs. 2 BGB, gerichtlich überprüfbar. Diverse gerichtliche AGB-Kontrollen einzelner VOB/B Klauseln zeigten auf, dass diese unfair sind und die Auftragnehmerseite unangemessen benachteiligen.

Zudem verschiebt die VOB/B ganz bewusst die Verhandlungsmacht der Parteien zugunsten der Auftraggeberseite, wenn sie dem Auftraggeber in § 1 Abs. 3 VOB/B ein einseitiges Anordnungsrecht zugesteht, dem der Auftragnehmer nachkommen muss. Dies widerspricht der gesetzlichen Wertung, denn § 650 b BGB sieht vor, dass sich die Vertragsparteien zunächst über Änderungswunsch und Anpassung der Vergütung einigen sollen. Nur wenn dies nicht binnen 30 Tagen gelingt, kann der Auftraggeber Änderungen anordnen. In der gesetzlichen Wertung wird den Verhandlungen der Parteien ausreichend Raum gelassen und dem Auftraggeber die spätere Möglichkeit der einseitigen Anordnung von Änderungen, nebst gerichtlicher Durchsetzung eröffnet. Die VOB/B geht dagegen von dem Bild eines „königlichen Auftraggebers" aus, der einseitige Anordnungen treffen kann, wie es ihm gefällt. Dieser Grundsatz wird auch in der aktuell angekündigten neuesten Fassung der VOB/B voraussichtlich zwar abgemildert aber im Grunde doch beibehalten.

Die Benachteiligung der Auftragnehmerseite liegt hier darin, dass Änderungen des Vertrages jederzeit einseitig vom Auftraggeber vorgenommen werden dürfen. Dies ist ein Eingriff in das Gleichgewicht des Vertrages und die Privatautonomie. Isoliert betrachtet ist daher § 1 Abs. 3 VOB/B eine rechtlich zumindest bedenkliche Vertragsklausel.

Ein anderer Punkt der Benachteiligung ist etwa auch, dass der Auftragnehmer gem. § 6 Abs. VOB/B keinen Anspruch auf Berücksichtigung von baubehindernden

Umständen hat, wenn er diese nicht unverzüglich dem Auftraggeber schriftlich mitteilt. Spricht er mit dem Auftraggeber nur darüber, dann begibt er sich in die Verzugsgefahr und verliert Bauzeitverlängerungsansprüche und entsprechende Nachtragsansprüche, allein weil er dem Schriftlichkeitserfordernis nicht nachgekommen ist. Isoliert betrachtet ist § 2 Abs. 6 VOB/B daher eine unfaire Vertragsklausel. Ebenso verhält e sich mit Prüf- und Hinweispflichten gem. §§ 4 Abs. 3 und § 13 Abs. 3 VOB/B. Hier wirken die Bedenkenhinweise nur dann enthaftend, wenn sie schriftlich mitgeteilt wurden. Auch dies ist zumindest zweifelhaft, weil die Frage des Haftungsrisikos nicht daran festgemacht wird, ob es einen inhaltlichen Bedenkenhinweis gab oder nicht, sondern nur daran, ob dieser Hinweis schriftlich erfolgt war. Auch § 4 Abs. 7 VOB/B, der dem Auftraggeber schon vor der Abnahme Mängelrechte einräumt, hält einer isolierten Überprüfung nicht stand.

Die Risikoverteilungen der VOB/B sind im Verhältnis zu dem im BGB vorgesehenen rechtlichen Rahmen deutlich zulasten des Auftragnehmers vorgenommen, denn im BGB können die Behinderungsanzeigen und Bedenkenhinweise auch mündlich erfolgen, um wirksam, zu sein.

6.3.3.3 Fazit zur Tauglichkeit der VOB/B für ganzheitliche Projektabwicklung

- In Bauverträgen, die die VOB/B als Allgemeine Geschäftsbedingung einbezogen haben, begegnen sich Auftraggeber und Auftragnehmer nicht auf Augenhöhe.
- Die VOB/B benachteiligt Auftragnehmer, da sie wesentlich mehr Pflichten des Auftragnehmers als solche des Auftraggebers vorgibt, obwohl es beim Bauen und Planen auch entscheidend auf dessen Mitwirkung ankommt.
- Zudem nimmt die VOB/B an diversen Stellen Risikoverschiebungen im Vergleich zu der BGB-Wertung zum Nachteil der Auftragnehmer vor, etwa im Fall von Baubehinderungen und seinen Folgen.

Die VOB/B gibt demnach dem Auftragnehmer einen unfairen Regelungsrahmen vor. Daran ändert auch die Tatsache nichts, dass die VOB/B vom DVA also auch von Vertretern der Branche mitausgehandelt wurde, denn allein durch die paritätische Besetzung des DVA kann das objektiv vorliegende Ungleichgewicht nicht ausgeglichen werden. Auftragnehmer werden im Falle einer öffentlichen Ausschreibung dazu gezwungen, entweder einen unfairen Vertrag abzuschließen oder den Auftrag nicht zu erhalten. Unter diesen Umständen haben viele Auftragnehmer über Jahrzehnte gelernt, mit diesen unfairen Vertragskonditionen umzugehen und betreiben seit Jahren proaktives Claim-Management, um den vielen Anforderungen der VOB/B gerecht zu werden und die knapp kalkulierten Preise

6.3 Kurze, faire und lebendige Verträge

durch Bedenken-Fristen-Nachtragsspielchen aufzubessern. Dem müssen nun die Auftraggeber Anti-Claim-Management-Strategien entgegensetzten.[10] In keiner anderen Branche wird so viel gestritten wie am Bau. In keiner anderen Branche gibt es branchenweit einheitliche und zwingend anzuwendende unfaire AGBs. Herkömmliche Bauverträge kann man daher zu Recht als Aufforderung zum Streit bezeichnen. Mit der VOB/B und dem Zwang diese nun seit fast 100 Jahren zu verwenden hat eine ganze Branche gelernt, sich zu misstrauen und zu streiten statt konstruktiv und vertrauensvoll miteinander zu reden. Verträge müssen fair und ausgewogen sein, wenn ganzheitlich und verantwortlich gehandelt werden soll. Wie gezeigt, bewirkt die VOB/B das Gegenteil.

Es gilt Vertragsgestaltungen zu entwickeln, die in der Lage sind,

- den Erfolg des Gesamtprojekts im Blick zu haben,
- die Zusammenarbeit zu fördern,
- sich den Veränderungen, die sich im Laufe eines jeden Projekts ergeben, anzupassen

und dabei noch fair und klar verständlich formuliert sind.

Dies ist möglich, durch kurze, faire und lebendige Verträge.

6.3.4 Die Rechtsbeziehungen zwischen allen Projektpartnern

Grundsätzlich werden Werkverträge, Bauverträge und auch Architekten- und Ingenieurverträge jeweils in der Zweierbeziehung Auftraggeber – Auftragnehmer abgewickelt. Eine vertragliche Verbindung zwischen den unterschiedlichen Unternehmern auf Augenhöhe ist in der herkömmlichen Projektabwicklung unbekannt. Dadurch bleiben Kooperationschancen ungenutzt und nachhaltige Wertschöpfung wird erschwert.

6.3.4.1 Die Einzelvergabe

Die in der Projektabwicklung durchaus übliche Projektorganisationsform Einzelvergabe bzw. Los-Vergabe, bei der der Auftraggeber mit jedem Auftragnehmer einzeln durch einen Werk- bzw. Bau- oder Ingenieurvertrag verbunden ist, führt zur Fragmentierung des Projektabwicklungsprozesses. Jeder Unternehmer betrachtet aufgrund seines Einzelvertrages vor allem sein Vertragsverhältnis und möchte hier

---

[10] Siehe hierzu Sindermann/Sonntag, Anti-Claim-Management, Baubetrieblich und baurechtlich optimierte Projektrealisierung, Hürth, 2020.

den besten Gewinn bei minimaler Haftung erzielen. Das Gesamtwerk wird durch diese Vertragsstruktur automatisch aus dem Blick verloren. Allein die Vereinbarung einer „Charta der guten Zusammenarbeit" reicht nicht aus, um die vielen Vertragspartner zur gelingenden Zusammenarbeit zu bewegen.

6.3.4.2 Die GU-Vergabe

Pauschalverträge über ganze Bauwerke geht der Bauherr mit einem Vertragspartner, in der Regel mit einem Generalunternehmer, ein, während Einheitspreisverträge mit einer Mehrzahl von Auftragnehmern, die jeweils für bestimmte Lose beauftragt werden, abgeschlossen werden. Aufgrund der vergaberechtlich geforderten Mittelstandsförderung werden Einheitspreisverträge mit einer Vielzahl von Auftragnehmern, die ggf. in Losen zusammengefasst sind, von der öffentlichen Hand bevorzugt. All diese Verträge sind Leistungsverträge, die zu einem Preiswettbewerb führen und dabei Qualitätsaspekte vernachlässigen. Damit sind diese Vertragsgestaltungen ebenfalls kooperationsunfreundlich.

6.3.4.3 Die innovative ARGE

Wer dennoch die Zusammenarbeit der Unternehmen untereinander ganzheitlich regeln will, kann dies durch eine sogenannte innovative ARGE tun. Erfolgt die Ausschreibung so, dass sich Planungs- und Bauunternehmen als ARGE um den Auftrag bewerben dürfen, dann schließen sich Unternehmen, die sich kennen und vertrauen für die Abwicklung eines Bauprojekts zusammen. Bei der innovativen ARGE werden die Unternehmen Geschäftspartner auf Zeit und stehen – anders als beim Mehrparteienvertrag – aber als Vertragspartner dem Auftraggeber gegenüber. Es gilt im Verhältnis zum Auftraggeber das Werkvertragsrecht und innerhalb der ARGE, die selbst eine Gesellschaft bürgerlichen Rechts ist, das Gesellschaftsrecht. Damit haben die ARGE-Partner untereinander klare Rechte und Pflichten. Im Außenverhältnis haften sie gemeinsam für den Gesamterfolg des Projekts und im Innenverhältnis regeln sie ggf. eine Beschränkung der Haftung auf die jeweils eigenen Beiträge der einzelnen Partner. Alle Auftragnehmer sind automatisch am Gewinn und Risiko beteiligt. Die ARGE hat sich über die Jahre in der Baubranche bewährt. Die innovative ARGE regelt darüber hinaus das partnerschaftliche Zusammenwirken der ARGE-Partner beim Planen und Bauen.[11] Dies ist auch im Sinne einer ganzheitlichen Projektabwicklung, weil die beteiligten Unternehmen als „ARGE Planen und Bauen" automatisch das gesamte Bauwerk im Blick haben. Zu diesem Ergebnis ist auch die Studie „Innovative ARGE" gekommen.[12]

---
[11] Vgl. Studie Innovative ARGE, S. 56 ff.
[12] Vgl. Studie Die Innovative ARGE, S. 52 ff.

6.3.4.4 Der Mehrparteienvertrag

Für komplexe Bauprojekte, die im Wege der Integrierten Projektabwicklung (IPA) organisiert werden, wurden Mehrparteienverträge konzipiert, die als eigene und noch nicht im BGB vorkommende Vertragsart verstanden sein wollen.[13] Sie regeln die Rechtsbeziehungen aller Beteiligter in einem Vertragswerk. Hier sitzt der Auftraggeber mit im Boot und ist nicht das Gegenüber. Zudem enthalten diese Verträge gemeinsame Ermittlungen der Kosten, rechnen auf Kostenerstattungsbasis ab und beinhalten als besondere Motivation der Zusammenarbeit einen Gewinn- und Risikotopf an dem alle beteiligt sind. Da die Mehrparteienverträge eine besonders komplexe Rechtsgestaltung darstellen, eignen sie sich vermutlich tatsächlich nur für die sehr seltenen und äußerst komplexen Bauprojekte, für die sie konzipiert wurden.[14]

6.3.5 Die Lösung: Kurze, faire und verhandlungsfreundliche Verträge – agil und mitwachsend!

Ob innovative ARGE, GU oder klassische Einzelvergabe, wichtig ist für eine ganzheitliche Projektabwicklung, dass alle Vertragspartner, auch etwaige Subunternehmer, untereinander und im Verhältnis zum Auftraggeber die gleichen vertraglichen Rahmenbedingungen haben. So kommt es unter den Auftragnehmern weniger zu Neid und Misstrauen und die Form der ganzheitlichen Zusammenarbeit ist Vertragspflicht aller Vertragsparteien.

6.3.5.1 Ein kurzer, fairer und lebendiger Vertrag für alle

Ein kurzer, fairer und lebendiger Vertrag, ist die Lösung für nachhaltige Wertschöpfung und mehr Partnerschaftlichkeit in der Projektabwicklung (Abb. 6.5). Gibt der Vertrag einen fairen Rahmen vor, kann Vertrauen zwischen den Partnern entstehen und wachsen.

Ist der Vertrag kurz und klar formuliert, kann ihn jeder Partner gut verstehen und ist in der Lage, die eigenen und die Vertragspflichten der anderen Seite zu erkennen.

Ein lebendiger Vertrag ist einer, bei dem die Partner im guten Gespräch sind als Ausdruck ihrer Kollaboration. Er muss genug inhaltlichen Raum lassen, damit sich die Partner über alle Themen, die für sie im Zusammenhang mit der erfolgreichen Projektabwicklung wichtig sind, noch austauschen können.

---

[13] Warda, J., Die Realisierung von Allianzverträgen im deutschen Vertragsrecht, Baden-Baden, 2020, S. 157 ff. sowie Fazit.

[14] Vgl. Studie Alternative Vertragsmodelle.

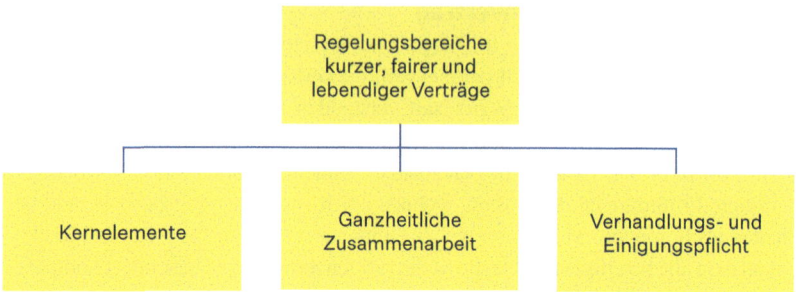

Abb. 6.5 Überblick der kurzen, fairen und verhandlungsfreundlichen Verträge

Bei sehr umfangreichen Verträgen, die scheinbar schon alle Eventualitäten antizipierend geregelt haben, besteht scheinbar kein Gesprächsbedarf mehr. Hier ist schon alles gesagt, vorausgedacht sowie die Risikoverschiebungen unsichtbar gemacht. Diese oft undurchschaubaren Verträge führen dann bei Problemen aber sehr schnell zu rechtlichen Argumentationen, weil man sich ja auf den Vertrag und die darin enthaltenen Wertungen bezieht. Rechtliche Konsequenzen folgen. Diese Schieflage gilt es bewusst zu vermeiden.

Ein Vertrag ist für die Projektabwicklung nur dann gut, wenn er alles Wesentliche regelt, anpassungsfähig ist und Konflikte vermeidet.

Deshalb reicht es aus, wenn der Vertrag kurz und knapp nur die wesentlichen Punkte der Leistung und der Zusammenarbeit klar und verständlich regelt und nicht übersät ist mit unfairen Risikoverschiebungen und Fallstricken, die die Partner so gar nicht wollen, oder nicht erkennen.

Da das BGB einen gesetzlichen Vertragsrahmen bereithält, können Verträge auch tatsächlich ganz kurz sein und sich nur auf die wesentlichen Kernbestandteile des Geschäfts konzentrieren, denn für alle anderen Fragen, etwa Verzug, Gewährleistung, Schadensersatz, Änderungen, Kündigung, Rücktritt, etc. gibt es gesetzliche Regelungen, die, falls die Parteien zu keiner Einigung kommen, immer noch einen faireren rechtlichen Rahmen bieten als so mancher Standardvertrag, der einseitig vorgegeben wird. Konkret und kooperativ ausgehandelt werden muss der Vertrag dennoch, insbesondere im Hinblick auf Risikoverteilungen, Leistungen, Qualitäten und die zugehörigen Verantwortlichkeiten sowie die Vergütung. Diese Vertragsgrundlagen sind technisch, wirtschaftlich sowie juristisch zu beantworten und deshalb im Wege der Verhandlungs- bzw. Vertragsmediation zu ermitteln. So ist gewährleistet, dass die das Wesentliche regeln, anpassungsfähig sind und tatsächlich vorhersehbare Konflikte vermieden werden, indem Problemsituationen antizipiert und klare Verantwortlichkeiten sowie passende technische und kommunikative Prozesse und Prinzipien für die Problemlösungen vorgesehen werden.

6.3 Kurze, faire und lebendige Verträge

In der Einigung der Parteien steckt die höchste Qualität der Fairness, denn zur Einigung haben beide ja gesagt.[15]
Darüber hinaus sind in den Regelungen des BGB eine Vielzahl von Wertungen enthalten, die ebenfalls einen hohen Gerechtigkeitsanspruch besitzen und zudem offen zugänglich, vielfach interpretiert und gelebt sind, sodass diese für jeden Partner klar sind.

Bei einem Vertrag mit Weiterverhandlungspflicht können sich die Partner freuen, denn sie bleiben im Gespräch und das ist eine der wesentlichen Voraussetzungen für Vertrauen. In ihren Gesprächen, Verhandlungen und Entscheidungen werden sie zusätzlich durch die Gesamt-Projektführung und die Verhandlungs-Mediatoren dabei unterstützt, konstruktiv und wertschöpfend zu agieren.

So wie das Projekt selbst, so wächst auch der Vertrag und dies im positiven Sinne durch eine Vielzahl von Einigungen, die die Parteien gemeinsam treffen werden. Es wird nicht um Änderungen gefeilscht und gezerrt, sondern es geht um Konkretisierungen, um das, was mit Blick auf eine nachhaltige Wertschöpfung im und durch das Projekt am besten machbar ist.

> **Steckbrief**
> **Der kurze, faire und lebendige Vertrag**
> **Was steckt dahinter?**
> Kurz ist der Vertrag am Anfang und er wächst ganz absichtlich mit dem Projekt mit.
> Der Vertrag ist lebendig wie das Projekt selbst.
>
> **Wie geht das?**
> Der Vertrag ist nur ein Rahmen mit wesentlichen Eckpfeilern hinsichtlich der Leistung und gegenseitigen Pflichten im Hinblick auf die Kommunikation, Zusammenarbeit, die gemeinsamen Kosten, die Führung, Mediation und Informationsmanagement und Datenschutz.
> Die Abrechnung erfolgt nach dem Selbstkostenprinzip plus einem zuvor ausgehandelten festen Wagnis- und Gewinnzuschlag oder auf der Basis der Stundenabrechnung. Ein Maximalbudget wird vom Auftraggeber für den konkreten Vertrag festgelegt.
> Ein Regulativ für Schlechtleistung ist festzulegen ebenso wie eine Deckelung im Falle der Stundenabrechnung vorzunehmen ist.

---

[15] Hier wird der Rechtsgrundsatz verwirklicht, wonach dem Wollenden kein Unrecht geschieht.

Alles andere, wie etwa die konkreten Leistungen, der Umgang mit Fristen, Budget und der Gewährleistung wird im Wege der obligatorisch stattfindenden Verhandlungen und Entscheidungsprozesse konsensual festgelegt.

Weshalb braucht es keine langen und undurchsichtigen Verträge mit AGBs?
In Deutschland haben wir durch das BGB einen fairen gesetzlichen Rahmen für alle Vertragsarten, die in der Projektabwicklung vorkommen. Wir brauchen hierzulande wirklich nur das Wesentliche zu regeln. Wenn etwas schieflaufen sollte, gibt das Gesetz faire Reglungen vor. Die VOB/B wird nicht benötigt.

Was gilt, wenn die Leistung nicht konkretisiert wird und die Verhandlungen ins Stocken geraten?
Es besteht die Pflicht zu Verhandeln. Die Partner werden dabei umfassend unterstützt. Sollte einmal keine Einigung hinsichtlich einer Konkretisierung einer Vertragsleistung stattfinden, dann würde die Konkretisierung als Änderung gewertet werden. Kommt innerhalb von 30 Tagen nach dem Änderungsbegehren keine Einigung zustande, dann hat der Auftraggeber gem. § 650 b Abs. 2 BGB das Recht, diese Änderung anzuordnen. Die Bezahlung der Leistung erfolgt dann gem. § 650 c BGB wiederum nach dem Kostenerstattungsprinzip.

Was gilt, wenn sich die Parteien über Themen wie Gewährleistung, Verzug, Schadensersatz etc. streiten?
Der kurze, faire und lebendige Vertrag ist darauf. Verantwortung wird da übernommen wo sie hingehört. Wenn also jemand etwa einen Schaden zu vertreten hat, dann wird in den obligatorischen Verhandlungs- und Entscheidungsrunden darüber gesprochen. Finden die Parteien zu keiner Einigung, obwohl sie hier durch die projektinternen Mediatoren unterstützt wurden, dann wird sofort aktiv Konfliktmanagement betrieben, um die Angelegenheit für alle Seiten verständlich zu machen und wertschöpfend konstruktiv zu lösen. Hierzu werden die Parteien zunächst von den projektinternen oder Mediatoren unterstützt, sollte dies nicht zu einer zufriedenstellenden Lösung führen, dann werden in einem nächsten Schritt externe Mediatoren eingeschaltet.

6.3 Kurze, faire und lebendige Verträge

Können die kurzen, fairen und lebendigen Verträge in jeder Projektabwicklung eingesetzt werden?
Ja, im Grunde schon. Aber der öffentliche Auftraggeber hat die VOB/B in die Verträge einzubeziehen und so lange dies so ist, wird es leider nur bei privaten Projektabwicklungen die Möglichkeit der kurzen, fairen und lebendigen Verträge geben.

6.3.5.2 Der Vertragsinhalt konkret

Für Verträge mit Einzelunternehmern oder auch mit Generalunternehmern, empfiehlt es sich, einen einfachen und sehr kurzen BGB-Werkvertrag in seiner Ausgestaltung als Bau-, Architekten- oder Ingenieurvertrag zu vereinbaren, in dem hauptsächlich nur „essentialia negotii", also die Kernelemente des Vertrags[16] geregelt sind.

Die Kernelemente des Werkvertrages sind die Leistung und deren Abrechnung – ggf. auf Basis der Selbstkostenerstattung zuzüglich einer Wagnis- und Gewinnpauschale. Die Leistung kann zunächst funktional bzw. pauschal ausgeschrieben sein und es wird bereits im Vertrag vermerkt, dass Details noch im Verhandlungsweg konkretisiert oder geändert werden können. Hierbei unterstützen Verhandlungs-Mediatoren.

Da die Vergütung auf der Basis der Selbstkostenerstattung erfolgt, ist es für den Unternehmer wirtschaftlich kein Nachteil, wenn Änderungen angeordnet werden, denn er erhält seine Kosten erstattet. Umgekehrt kann er aber nicht von Kündigung einzelner Posten sprechen, wenn der Rahmen bestehen bleibt, aber angedachte Details weggelassen werden sollen.

Nachhaltigkeit und andere Qualitätsmerkmale der Leistung sowie der Zeitrahmen können ebenfalls zunächst generell vorgegeben werden und sind dann im Detail noch von den Parteien zu definieren. Wichtig ist es hierbei von Anfang an Werte und ein generelles Projektziel festzulegen.

Darüber hinaus ist ein wesentlicher Regelungspunkt die kollaborativen Zusammenarbeit, die Werte und Prinzipien der Zusammenarbeit, die Anerkennung der Gesamt-Projektführung und die der projektinternen Mediatoren. Hier sind dann auch Handlungspflichten wie die Teilnahme an den Verhandlungs- und Entscheidungsprozessen zu vereinbaren sowie die Pflicht, das Projekt und auch alle Partner stets zu unterstützen.

Ergeben sich im Laufe der Vertragserfüllung Themen, die aus Sicht einer Partei regelungsbedürftig sind, dann sind die Parteien des Vertrages dazu verpflichtet, da-

---

[16] Kernelemente des Vertrages, also Leistung und Vergütung.

rüber zu verhandeln und sich auf eine sach- und interessengerechte Lösung zu einigen. Auf diese Weise erhalten sich die Vertragspartner die maximale Autonomie. Auf standardisierte Vertragsklauseln der vorausgedachten Risikoverteilung, insbesondere AGBs, HOAI und VOB/B muss verzichtet werden. Werden nämlich Risiken vom Verwender der Klauseln hin zum Vertragspartner verschoben, entsteht automatisch ein Ungleichgewicht, welches das Misstrauen der Vertragspartner, Stress und Gegenwehr oder auch nur Demotivation bei der Zusammenarbeit hervorruft und zu Konflikten führt. All diese Folgen können durch kurze, faire und lebendige Verträge vermieden werden.

Es ist also aus ganzheitlicher Sicht und zur Förderung einer guten Zusammenarbeit sowie einer konstruktiven Kommunikationskultur empfehlenswert, sich von Vornherein das Weiterverhandeln des Vertrages vorzunehmen, statt umfangreiche Vertragswerke zu entwerfen, die die Parteien geradezu davon abhalten, konstruktiv miteinander zu sprechen.

Dieser Vertrag wie er im Konzept der Ganzheitlichen Projektabwicklung vorgeschlagen wird, ist agil und passt sich automatisch durch kontinuierliche Einigungen den sich verändernden Rahmenbedingungen des Projektes an. Es ist ein Vertrag der mitwächst. Die Vorstellung ist, dass nicht unzulängliche Leistungen ständig verändert werden und sich darum gestritten wird, was wie abgerechnet wird, sondern, dass tatsächlich eine dem Stand des Projekts entsprechende Vertragssituation entsteht und Leistungsbeschreibungen festgelegt werden, wenn sich die Parteien über deren Inhalt wirklich sicher sind. So entsteht das allseitige Verständnis, dass der Vertrag zu Beginn unvollständig ist und weiterverhandelt wird und auf diese Weise durch eine Vielzahl von verhandelten Einigungen wächst.

Diese kurzen und lebendigen Verträge sind fair, weil

- sie offen und transparent verhandelt werden.
- Die Fairness steckt in den vielen Einigungen.
- Findet keine Einigung statt, kann auf gesetzliche Fairnesstandards zurückgegriffen werden.

6.3.5.3 Beispiel: Inhalt des lebendigen Vertragsrahmens

Nachfolgend ist der mögliche Inhalt des lebendigen Vertrages, der durch die Weiterverhandlungen stetig wächst und sich den Anforderungen des Projekts anpasst, dargestellt. Der Vertrag benötigt einen klaren Rahmen, der Sicherheit gibt und er benötigt Teile, die anpassungsfähig sind. Damit entsteht eine neue Qualität von Bau- und Werkverträgen, die man auch als agile Verträge bezeichnen kann.

6.3 Kurze, faire und lebendige Verträge

Möglicher Vertragsinhalt

I. **Projektziel:**
Sinn und Zweck des Projekts

II. **Pflichten der Partner (Auftraggeber und Auftragnehmer gleichermaßen)**

Kooperationspflicht:
Pflicht, konstruktiv und kooperativ an allen Prozessen der ganzheitlichen Projektabwicklung aktiv und verantwortlich teilzunehmen, Akzeptanz der Projektführung und der projektinternen Mediatoren

Werte der Zusammenarbeit:
Transparenz, Informiertheit, Verantwortung, Nachhaltigkeit, gemeinsame Wertschöpfung

- **Budget:**
  Maximalbudget festlegen
- **Leistung:**
  Pauschal/funktional beschreiben (Details werden im Rahmen obligatorischen Verhandlungen konkretisiert)
- **Kosten:**
  Regelungen zu der Zusammensetzung der erforderlichen Kosten, insbesondere Einkaufsstrategien, Umgang mit Materialengpässen und Materialpreissteigerungen, sowie Regelungen zu Lohnkosten und deren Steigerungen und Vereinbarung eines Wagnis- und Gewinnzuschlags.
- **Qualität:**
  Nachhaltige Prozesse und Produkte, Ganzheitliche Projektabwicklung, Qualitätsstandards
- **Termine:**
  Grober Terminplan, der ebenfalls fortgeschrieben wird. Keine Vertragstermine
- **Innovationen:**
  Belohnung von Innovationen und Verbesserungen
- **Informiertheit:**
  Pflicht zu Offenlegung aller projektrelevanter Informationen in Echtzeit, Pflicht sich selbst zu informieren, Datenschutz und Geheimhaltung bzw. Vertraulichkeit

III. **Kooperative Verhandlungen**
Durch die vertraglich vorgesehenen Verhandlungen und deren Vereinbarungen wächst der kurze Vertrag mit dem Projekt mit.

IV. **Dokumentation der Vereinbarungen**
- Gemeinsame Konkretisierungen zuvor pauschal formulierter Leistungen und Termine.
- Gemeinsame Änderungen der Leistung statt Nachtragsstreit oder Kündigungen.
- Ggf. einvernehmliche teilweise Reduzierung des Leistungsumfangs.
- Innovationen statt Baustillstand oder Mängel.
- Gemeinsame Vereinbarungen zu Mängelbehebungen und deren Folgen.
- Gemeinsame Vereinbarungen zu Schadensersatzthemen sowie deren Kompensation.
- Gemeinsame Vereinbarungen zu Vorschuss, Abrechnung und Sicherheitsleistungen.
- etc. …

Es ist zu erkennen, wie die einzelnen Bereiche ineinandergreifen und wie offen der Vertrag ist für Weiterverhandlungen. Daher ist der kurze, faire und lebendige Vertrag das Zentrum der Agilität und der Transparenz in dem Konzept der Ganzheitlichen Projektabwicklung. Hier laufen alle notwenigen Daten, Fakten und Zahlen ganz automatisch zusammen und dadurch, dass diese gemeinsam durch die Partner im Wege des sog. Joint-Fact-Finding-Verfahrens[17] zusammengestellt werden, ist hier das Konfliktrisiko deutlich minimiert. Die Parteien wissen stets worüber sie reden und wo das Projekt gerade steht. Sie können wissensbasierte Entscheidungen treffen und fortschreiben. Damit handelt es sich um einen agilen Vertrag, der sich integrativ, partnerschaftlich und kollaborativ an den Projektfortschritt und die Bedürfnisse des Projekts, der Partner sowie der vom Projekt Betroffenen anpasst.

---

[17] Weiterführend: https://www.pon.harvard.edu/tag/joint-fact-finding/.

6.3.5.4 Mediative Verhandlungsunterstützung

Die kurzen, fairen und lebendigen vertraglichen Regelungen reichen völlig aus, denn der ganze Rest ergibt sich aus dem BGB selbst und vor allem anlassbezogen aus den Verhandlungen und Einigungen der Parteien.

Im BGB ist alles Wesentliche zum Werkvertragsrecht, Bauvertrags- sowie zum Architekten- und Ingenieurvertrag geregelt.[18] Das BGB enthält insofern einen fairen Rechtsrahmen, der keine überraschenden Klauseln enthält, weil er jedem jederzeit zugänglich ist. Es bedarf also keiner Umschulung auf etwaig neue oder überraschende Vertragsklauseln, sondern die Zusammenarbeit erfolgt tatsächlich einheitlich nach dem BGB.

Der dem § 650 b BGB zugrunde liegende Einigungsgedanke wurde bei diesem Vertragsmodell institutionalisiert, damit sichergestellt ist, dass die Einigungen mit hoher Wahrscheinlichkeit zustande kommen.

Um den Vertrag auf eine ganzheitliche Ebene zu transformieren, ist es erforderlich, das Zusammenwirken im Sinne einer integrativen und kollaborativen Zusammenarbeit zur Vertragspflicht zu machen. Für alle Änderungen, Fristenprobleme, Baubehinderungen, Bedenken und Mängel etc. ist vorzusehen, dass die Vertragsparteien jederzeit unverzüglich im Wege der interessenbasierten und sachgerecht kooperativen Verhandlung Lösungen für auftretende Probleme verhandeln und sich dazu einigen.

Um den erforderlichen Verhandlungsrahmen zu gewährleisten, muss dem Projekt eine mediative Verhandlungsunterstützung obligatorisch zur Verfügung stehen. Auf diese Weise „wird der Vertrag lebendig von den Parteien weiter gestaltet und wächst im Laufe der Zeit ggf. zu einem dicken „Aktenordner" an. Dies ist dann aber **ein Ordner voller Einigungen** und nicht etwa die „Dokumentation des Versagens", wie es bei der konventionellen Projektabwicklung der Fall ist, da sich hier die Ordner mit Hinweisen und Nachträgen füllen, um später einer gerichtlichlichen Klärung zugeführt zu werden.

Darüber hinaus fördern neutrale projektinterne Mediatoren oder auch Verhandlungs-Mediatoren die kooperative, partnerschaftliche und integrative Qualität der Kommunikation. Hier wird Mediation in ihrer Eigenschaft als sog. Verhandlungs-Mediation genutzt. Also nicht als Konfliktlösungsinstrument, sondern zur Verhandlungsunterstützung. Oft fällt es den handelnden Personen in

---

[18] Vgl. Leupertz/Preussner/Sienz, Bauvertragsrecht, Kommentar, 2. Aufl., 2021, S. S. 27–779. Leinemann/Kues, BGB-Bauvertragsrecht, Kommentar 2. Aufl. 2021, S. 57–746.

Verhandlungs- bzw. Problemsituationen schwer, konstruktiv und wertschätzend zu kommunizieren, weil sie unter Stress geraten. Dann bahnen sich steinzeitliche Denkrahmen und alte Handlungsmuster wieder ihren Weg. Menschen, die sich angegriffen fühlen und vermeintlich ums Überleben kämpfen müssen, kennen nur Angriff, Flucht oder Starre.[19] All dies kann nicht zu einer konstruktiven Verhandlung beitragen. Mit einer mediativen Verhandlungsunterstützung jedoch wird der wertschöpfende Handlungsrahmen eröffnet und muss von Anfang an bereitstehen, um den ganzheitlichen Weg der Projektabwicklung voll auszuschöpfen, weil hier im Sinne der Gewaltfreien Kommunikation vorgegangen wird.[20] Der mediative Verhandlungsrahmen macht den fairen Interessenausgleich möglich. Stetiges sachgerechtes und wertschätzendes Weiterverhandeln ist ein Lernprozess, der mediativ begleitet werden muss, um Rückfälle in destruktive und taktische Verhandlungsmuster zu vermeiden. Hier ist unbedingt die Vertragsmediation einzusetzen, um sicherzustellen, dass der geeignete, mithin der faire Verhandlungsweg eingeschlagen und beibehalten wird. Die hierfür aufzuwendenden Kosten sind in die Projektkosten mit aufzunehmen und gut investiert, weil hierdurch unnötige Konflikt- und sonstige Transaktionskosten sowie Qualitätsverluste vermieden werden.

Der Prozess des Planens und Bauens ist einmalig. Die auftretenden Fragestellungen sind es ebenso. Sie bedürfen Antworten, die von den Vertragsparteien gemeinsam und verantwortlich gefunden werden müssen. **Nicht umfangreiche Vertragswerke im Vorfeld der Projektabwicklung und der Leistungserbringung sind erforderlich, sondern das stetige gemeinsame Wachsen mit den Aufgaben und das faire und agile Nachsteuern.** Nach dem Rechtgrundsatz „volenti non fit iniuriam"[21] liegt in jeder Einigung eine individuelle Fairness, ausgehandelt im Wege des Interessausgleichs durch die verantwortlich handelnden Parteien. Dies ist konstruktive ganzheitliche Konfliktbearbeitung, bei der Zeit, Energie und Kosten gespart werden und die das Projekt voran sowie die Vertragsparteien in ihre Kraft bringt. Daher sind auch die Rechtsbeziehungen der Projektpartner untereinander und zu den Mediatoren im Vertrag unter dem Punkt Ganzheitliche Zusammenarbeit zu regeln.

---

[19] Siehe oben Thema Kommunikation Abschn. 6.2.
[20] Rosenberg, M., Gewaltfreie Kommunikation, Eine Sprache des Lebens, Paderborn, 12. Aufl. 2016.
[21] Zu Deutsch: Dem Wollenden geschieht kein Unrecht.

6.4 Vertrauensvolle und wertschöpfende Zusammenarbeit

Wenn das bewusste und konstruktive Denken zu einer ebensolchen Kommunikation führt, dann ist die wichtigste Grundlage für eine vertrauensvolle und wertschöpfende Zusammenarbeit gegeben. Sie ist Kernelement der Ganzheitlichen Projektabwicklung (s. Abb. 6.6)

Die Zusammenarbeit der Projektpartner kann so organisiert werden, dass ein kollaborationsfreundlicher Rahmen von der Gesamt-Projektführung geschaffen wird. Gleichzeitig ist darauf zu achten, dass der von den Partnern zu vollbringende Wertschöpfungsprozess erkannt und ermöglicht wird.

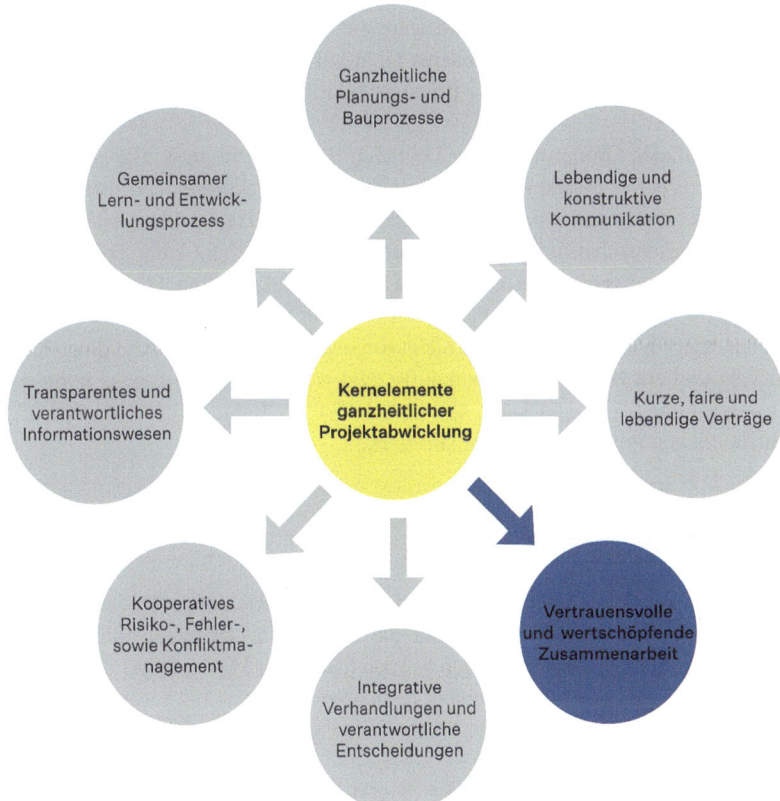

Abb. 6.6 Kernelement: Vertrauensvolle und wertschöpfende Zusammenarbeit

128　6 Das Konzept der Ganzheitlichen Projektabwicklung – Die acht Kernelemente

Es gehört sehr viel Mut dazu, dass Projektpartner die gewohnten Wege des Gegeneinanders der herkömmlichen Projektabwicklung zu verlassen und vertrauensvoll sowie wertschöpfendend zusammenarbeiten.

Gerade in Situationen bei denen die Projektpartner nicht freiwillig kooperieren, sondern eine Kooperationspflicht erfüllt werden muss, ist zu hinterfragen, wie weit die vertrauensvolle und wertschöpfende Zusammenarbeit überhaupt gelingen kann. Hier geht es vor allem um Aufträge der öffentlichen Hand, die im Wege der öffentlichen Vergabe zu nicht ganz freiwilligen Kooperationen führen. Die Zuschlagskriterien können zwar neuerdings sehr viel differenzierter formuliert werden und es muss nicht ausschließlich das günstigste Angebot genommen werden. Verhandlungsverfahren mit Teilnahmewettbewerb sind auch bei Bauausschreibungen möglich und können hier das Kooperieren vorschreiben.

Wer aber den Zuschlag erhält, ist Vertragspartner. Hier ist möglicherweise aufgrund dieser rein formellen und wettbewerblichen Vertragsanbahnung Vertrauen zwischen den Parteien zunächst nicht vorhanden. Ähnlich verhält es sich ggf. bei Akteuren ggf. aus dem, privaten Sektor, die jahrelang kompetitiv gearbeitet haben.

Der Leitfaden Großprojekte, der Leitfaden IPA für Führungskräfte sowie auch das Ergebnis der Reformkommission Bau von Großprojekten, zeigen aber auf, wie wichtig gute Zusammenarbeit für das Ergebnis der Projektabwicklung ist und empfehlen die partnerschaftliche Zusammenarbeit ausdrücklich für komplizierte Großprojekte. Dies muss auch für mittlere und kleine Projekte gelten. Um die erforderliche vertrauensvolle Zusammenarbeit zu ermöglichen, ist der Mut einer ganzen Branche erforderlich. Dieser kann nicht vorgeschrieben werden. Allerdings kann ein Weg und ein Handlungsrahmen aufgezeigt werden, wie diese neue Form der Zusammenarbeit gelingen kann. Dies wird hier im Rahmen des Konzepts der Ganzheitlichen Projektabwicklung skizziert.

6.4.1　Mehr als Lean

Die Zusammenarbeit in der Ganzheitlichen Projektabwicklung stützt sich wie zu Beginn dieses Kapitels dargestellt, auf die Grundsätze der ganzheitlichen Führung.[22] Lean Management Methoden werden häufig zur Verbesserung der Zusammenarbeit eingesetzt, um die Effizienz zu steigern.

---

[22] Siehe Kap. 3 Unterpunkt 1: Ganzheitliche Projektführung.

6.4 Vertrauensvolle und wertschöpfende Zusammenarbeit 129

6.4.1.1 Der Kern des Lean Ansatzes besteht im Streben nach Perfektion bei gleichzeitiger Vermeidung jeglicher Verschwendung

Die Grundsätze der Zusammenarbeit nach Lean können wie folgt dargestellt werden:

- Ganzheitliches Verständnis für die Aufgabe
- Vertrauen
- Kommunikation
- Transparenz
- Kollaboration

In der Ganzheitlichen Projektabwicklung sind diese Grundsätze ebenfalls vital. Das grundsätzliche Ziel des Konzepts der Ganzheitlichen Projektabwicklung geht über den Lean Gedanken weit hinaus, denn es will den größtmöglichen Nutzen für alle Beteiligten hervorbringen und nicht nur für das Projekt, bzw. den Bauherrn. Der ganzheitliche Ansatz verfolgt ausdrücklich auch die Absicht der nachhaltigen Wertschöpfung für und durch das Projekt, wie es in Kap. 4 näher beschrieben ist. Es geht darum, achtsam und einbeziehend zu wirtschaften. Dabei ist Effizienz im Sinne von Lean Management ein wesentlicher Punkt. Ein weiterer ist aber die stetige Konzentration auf den Sinn des Projekts und seine Auswirkungen und hierfür auch gesellschaftlich verantwortliche Entscheidungen zu treffen. Denn die Projektpartner sollen im Rahmen flacher Hierarchien ebenfalls erhebliche Entscheidungsspielräume bekommen, die sie im Rahmen nachhaltig wertschöpfend und vor allem verantwortungsvoll ausfüllen.

6.4.1.2 Bildung von Vertrauen

Vertrauen wird im Rahmen aller acht Kernelemente des Konzepts der Ganzheitlichen Projektabwicklung gebildet. Dies ist die Basis erfolgreicher ganzheitlicher Projektabwicklung. In obligatorischen Workshops zur Zusammenarbeit, die vor und während der Projektabwicklung stattfinden, werden die Projektbeteiligten auf ihr Zusammenwirken eingestimmt und können sich von Beginn an in den Prozess integrieren. Unterstützt werden sie dabei von den projektinternen Mediatoren. Im Projektalltag gibt die Gesamt-Projektführung hier immer wieder Impulse im Hinblick auf die Erreichung des Projektziels und fördert das Wir-Gefühl aller Projektpartner. Die unterschiedlichen Kernelemente des Konzepts der Ganzheitlichen Projektabwicklung greifen gerade bei dem Punkt der Zusammenarbeit optimal ineinander, denn sowohl die lebendige und konstruktive Kommunikation als auch der faire Vertragsrahmen, sowie die nachfolgend noch näher beschrieben Kernelemente ermöglichen auf verschiedenen Ebenen das Entstehen und den Erhalt des gegenseitigen Vertrauens der Partner.

> **Optimale Kollaboration durch**
> - Wertorientierte ganzheitliche Führung
> - Lebendige und konstruktive Kommunikation
> - Faire Verträge
> - Verhandlungen, die integrieren und so zur Wertschöpfung führen
> - Kooperatives Fehler-, Risiko-, und Konfliktmanagement
> - Transparentes Echtzeit-Informationsmanagement
> - Gemeinsames Lernen
> - Nachhaltige Wertschöpfung

6.4.2 Lean Methoden für die erfolgreiche Kollaboration

Das Lean Management hat Methoden der vertrauensvollen und kollaborativen Zusammenarbeit entwickelt.[23] Diese werden im Bauwesen als Lean Construction Methoden bezeichnet. Sie sind nicht nur für die extrem komplexen IPA Projekte vorteilhaft,[24] sondern lassen sich der Projektgröße anpassen. Im Konzept der Ganzheitlichen Projektabwicklung wird Lean Management sowohl von der Gesamt-Projektführung als auch von den internen Mediatoren unterstützt.

Die Prinzipien der Lean Construction schaffen neue operative Regeln für die tägliche Zusammenarbeit. Es geht um eine Ausrichtung auf die Zuverlässigkeit und Effizienz der Projektpartner. Die Begriffe und Vorgehensweisen werden etwa auf www.glci.de sehr gut präsentiert. Hinter dem Lean Construction stehen zunächst die Prinzipien des Lean Thinking. Diese sind:

1. Kunden-Wert/Bauherren-Wert.
2. Wertstrom.
3. Fluss-Prinzip.
4. Pull-Prinzip.
5. Streben nach Verbesserung

---

[23] Siehe Begriffe des Lean Construction in German Lean Construction Institute – GLCI e. V. (2019, S. 39 ff.).
[24] Siehe Einleitung, Kap. 1.

6.4 Vertrauensvolle und wertschöpfende Zusammenarbeit

- **Der Bauherren-Wert**

Im ersten Schritt, der noch vor oder während der Startphase erfolgen sollte, werden vor allem die Anforderungen des Bauherrn an das Projekt genau bestimmt. So werden Änderungen und Anpassungen der Leistung im weiteren Projektverlauf von Anfang an deutlich reduziert. In der ganzheitlichen Projektabwicklung kann und muss der Bauherren-Wert aber auch im Laufe der Projektabwicklung immer wieder dem lebendigen Prozess des Planens und Bauens angepasst werden. Es gibt in Bauprojekten so viele unvorhergesehene Einflussfaktoren, die an manchen Stellen eine Anpassung erfordern. Hierauf müssen und dürfen sich die Projektpartner von vornherein einstellen und werden dabei von der Gesamt-Projektführung unterstützt. Die wirtschaftlichen Folgen von Änderungen werden im Rahmen mediativ unterstützer Verhandlungen von den Beteiligten gemeinsam festgelegt.

- **Der Wertstrom**

Auf der Grundlage des Bauherren-Wertes wird der sog. Wertstrom ermittelt. Hierbei werden alle Prozesse zur Herstellung des Bauprojektes antizipiert und auf etwaige redundante Arbeitsschritte bei Planern oder ausführenden Unternehmen hin untersucht, um diese zu vermeiden. Zudem sollen auch Wartezeiten zwischen den Planungsphasen entfallen. Der Wertstrom definiert alle notwendigen Aktivitäten, die ausgehend vom fertigen Endprodukt (Bauherren-Wert) geplant werden müssen. Auf der Grundlage des genau definierten Wertstromes wird dann eine ausführliche und detaillierte Terminplanung erstellt.

- **Das Fluss-Prinzip**

Das Fluss-Prinzip verfolgt den Grundsatz, dass alle Arbeitsabläufe möglichst in einem Fluss erfolgen. Abläufe sind also kontinuierlich und ohne Wartezeiten, um Verschwendung an den Schnittstellen zu vermeiden. Hierdurch wird die Effizienz im Projekt erhöht.

- **Das Pull-Prinzip**

Das Pull-Prinzip sagt aus, dass die Leistungserbringung gestartet wird, sobald der Bedarf vorhanden ist. Ziel ist es, hier Transporte, Lagerkosten und Wartezeiten zu vermeiden. Dies mit den heutigen Engpässen auf dem Rohstoffmarkt in Einklang zu bringen und dennoch taktgenau die Baustoffe auf der Baustelle zu haben, erfordert eine besonders gute, konzentrierte und in Abstimmung mit dem Fluss-Prinzip flexible Planung der einzelnen Leistungen.

- **Streben nach Perfektion/Verbesserung**

Das Streben nach Perfektion bzw. die kontinuierliche Verbesserung betrifft ein vorausschauendes Qualitätsmanagement der täglichen Arbeit, um zu erreichen, dass im Grunde jeder Handgriff perfektioniert wird und damit Fehler vermieden werden bevor sie entstehen. Es geht um eine Haltung besonderer Aufmerksamkeit, die in den Arbeitsalltag implementiert wird und zu einer neuen Arbeitsphilosophie führt. Hierzu werden alle Fehler und Probleme bei der Projektabwicklung analysiert und die jeweiligen Ursachen gesucht. Es geht darum, Verantwortung für Fehler zu übernehmen, indem daraus gelernt wird. Ziel ist es, hier ein hohes Niveau an Fehlerkultur zu etablieren, um eine kontinuierliche Verbesserung zu erreichen. Haben die Parteien Angst davor, Fehler zuzugeben, besteht keine Chance, dass daraus gelernt wird.

6.4.3 Das System des letzten Planers

Im Zusammenhang mit Lean Construction hat Glenn Ballard das sog. Last Planner® System entwickelt. Die Bezeichnung Last Planner® leitet sich daraus ab, dass die letzten Planer bzw. Unternehmen schon in die frühen Phasen des Projektes als Planer miteingebunden werden. Das letzte Unternehmen auf der Baustelle ist meist durch einen Polier vertreten. Das Last Planner® System plant grundsätzlich nach dem Pull-Prinzip, jedoch werden die Handlungsschritte mit zunehmendem Projektfortschritt detaillierter geplant. Der Ablauf des Systems ist wie folgt unterteilt:

- Rahmenterminplan
- Kooperierender Phasenterminplan
- Vorschauplanung
- Detailplanung
- Auswerten, Lernen und Verbessern

Beginnend mit dem Rahmenterminplan werden zunächst die Meilensteine des Projekts gemeinsam grob festgelegt, um sie dann im Phasenterminplan gemeinsam detaillierter betrachten und alle notwendigen Aufgaben für die Erreichung der Meilensteine festzulegen. Der Phasenterminplan wird in kollaborativer Zusammenarbeit aller Beteiligter erstellt, damit Unstimmigkeiten und Redundanzen erkannt und beseitigt werden können. Als Ergebnis der Ebene bzw. Phase zwei liegt ein abgestimmter Ablaufplan vor. In der Vorschauplanung werden alle notwendigen Arbeitsabläufe und die bestehenden Abhängigkeiten in Listenform erarbeitet. Dies schafft einen besseren Überblick zur vorausschauenden Planung und lässt Abweichungen frühzeitig sichtbar werden. Anschließend folgt die Detailplanung, in der alle Aufgaben an die Beteiligten des Projektes in Form einer klaren Zusage übernommen werden.

Das Last Planner®System ist dann erfolgreich, wenn die Projektbeteiligten ihre Aufgaben zuverlässig abarbeiten und ihre Zusagen halten. Diese Verlässlichkeit stärkt das Vertrauen im Team und die Qualität der Projektabwicklung.

6.4.4 Taktplanung

Die Taktplanung und -steuerung dient als weitere Lean Management Methode der Planung und Steuerung der Leistungserbringung von Beginn der Planung bis hin zur Fertigstellung eines Bauprojektes. Bereits im alten Ägypten beim Bau der Pyramiden war bekannt, dass Rhythmus und Takt wesentlich zur Produktivität beitragen. Die Taktplanung versucht also wiederkehrende Arbeiten in der gleichen Abfolge, die sich durch ein Bauprojekt hindurchziehen zu identifizieren und dann im Rahmen eines Termin- bzw. Taktplans zusammenzufassen. Damit wird der sog. Einarbeitungseffekt, den eingespielte Teams aufweisen, wertschöpfend genutzt.[25]

6.4.5 Umsetzung der Lean Methoden

Die Informationen und Visualisierungen der genannten Lean Methoden sollen allen Projektpartnern stets zur Verfügung stehen, um sich jederzeit zu informieren zu können und auch interaktiv erledigte Aufgaben ggf. direkt auf den Terminplänen sichtbar zu machen. Damit gewinnt die Zusammenarbeit an Lebendigkeit.

Für die Visualisierungen und die Interaktionen werden gemeinsame Begegnungsflächen benötigt. Oft sind dies sog. Big Rooms oder Co-Locations. Dies entspricht einem Großraumbüro oder einer Coworking-Location, die allen Beteiligten des Projektes eine gemeinsame Fläche zum Arbeiten, Besprechen und Abstimmen bietet. Der Big Room wird außerdem für alle Besprechungen mit dem Bauherrn und den Beteiligten genutzt. Durch das gemeinsame Arbeiten in einem

---

[25] Lean Construction – Begriffe und Methoden, German Lean Construction Institute – GLCI e. V. (2019, S. 39 ff.).

Raum werden sowohl die Teamkultur gestärkt als auch die Wege für Abstimmungen und Besprechungen verkürzt. Außerdem wird der Grundsatz der Transparenz verwirklicht und die Kollaboration der Beteiligten gefördert.

Die „Teeküchenmethode" ist also im Lean Construction institutionalisiert, basiert aber darauf, dass Menschen ungezwungen zwischen Tür und Angel am besten miteinander in Kontakt kommen.

6.4.6 Projektabwicklung als (Wert-)Schöpfungsprozess – Fehler sind notwendig

Die Lean Management Methoden haben einen Produktionsansatz, da sie ursprünglich aus der Automobilindustrie kommen. Dort werden Sachen nach einem vorgegebenen Plan produziert. Verbesserungsmöglichkeiten in der Zusammenarbeit wurden auf die Projektabwicklung übertragen. Allerdings ist Planen und Bauen immer auch ein Schöpfungsprozess. Hier spielt also nicht das Orchester ein bereits komponiertes Stück, sondern die Projektpartner komponieren und produzieren es. Beim Schöpfungsvorgang ist es geradezu unvermeidlich, dass etwas nicht so funktioniert wie sich die Beteiligten es vorher vorgestellt hatten. Derartige Fehler sind so gesehen vorprogrammiert. Daher ist das Bewusstsein, dass es sich bei der Projektabwicklung um einen Schöpfungsprozess handelt essenziell und bedarf ganz besonderer Aufmerksamkeit. Hierzu gibt es im Konzept der Ganzheitlichen Projektabwicklung ein besonderes Kernelement, nämlich das kooperative Risiko- und Fehlermanagement sowie das kooperative Konfliktmanagement.

Damit dieses Kernelement zur Geltung kommen kann, wird es in die Zusammenarbeit eingebettet, indem dort das Bewusstsein für den gemeinsamen Wertschöpfungsprozess, idealerweise von der ganzheitlichen Führung, geschaffen wird. Dies geschieht, indem die Bereitschaft alte Wege zu verlassen und neue auszuprobieren aktiv gefördert wird. Nur so sind Verbesserungen überhaupt vom Denkrahmen[26] her möglich. Froher Mut und heller Sinn, derartige Maxime sollten bei jedem Projektbeteiligten gefördert und unterstützt werden. Hierfür können die fünf Bausteine der Innerdevelopment-Goals einen wertvollen Beitrag leisten. Sinnvoll ist es auch hier, humorvoll zu moderieren, und zwar so, dass Humor auf Augenhöhe eingesetzt wird. Dann macht er den Blick frei und gibt Raum für Kreativität, die erforderlich ist, um Verbesserungen zu entdecken. Keiner weiß es besser, sondern alle gemeinsam suchen nach der besten Lösung im Wert-Schöpfungsprozess.

---

[26] Siehe auch Abschn. 3.2.

6.4.7 Die Bedeutung der mediativen Begleitung für die Kollaboration

Die neue Form der Zusammenarbeit bedeutet auf ganzer Linie eine dramatische Veränderung des Denkens und Handelns der Projektpartner. Diesen Prozess können sie normalerweise allein nicht bewältigen. Hier bedarf es einer geduldigen ganzheitlichen Projektführung sowie eines bereitstehenden Mediatorenteams, um etwaige Rückschritte in alte Verhaltensweisen und Denkmuster frühzeitig zu erkennen und gemeinsam zu bearbeiten. Dies ist aktives und vorausschauendes Changemanagement. Durch diese Maßnahme wird das Risiko verringert, dass durch Rückfälle in alte Handlungsmuster Schaden für die Projektdynamik entsteht. So ist das Risiko des Versagens und des Schadens gering und der Mut der Parteien bezieht sich nur auf individuell zu vollziehende Wandlung im Denk- und Handlungsrahmen, wobei die Möglichkeit der Existenz von Fehlern oder Abweichungen, von Anfang an einkalkuliert ist und im Rahmen eines fairen Prozesses gemeinsam bearbeitet wird.

Durch die mediative Begleitung können die im Rahmen der Zusammenarbeit auftretenden ggf. negativen Emotionen der Partner kooperativ, interessengerecht und professionell angesprochen und bearbeitet werden.

6.5 Integrative Verhandlungen und verantwortliche Entscheidungen

Ein weiteres Kernelement des Konzepts der Ganzheitlichen Projektabwicklung sind integrative Verhandlungen und verantwortliche Entscheidungen (siehe Abb. 6.7). Die Zusammenarbeit der Partner wird von ständigen Verhandlungen begleitet, deshalb ist es notwendig, dass sichergestellt wird, dass diese Verhandlungen integrativ geführt werden und Entscheidungen auch zu Verantwortlichkeiten gemeinsam und konstruktiv getroffen werden.

Die Zusammenarbeit der Projektpartner besteht zum größten Teil aus Abstimmungen, Verhandlungen und Entscheidungen. Diese Prozesse verlaufen in herkömmlichen Projektabwicklungen meist kompetitiv, versehen mit diversen Strategien und Verhandlungstricks, die dazu dienen, die eigenen Interessen durchzusetzen. So entsteht durch kompetitive Verhandlungsstile und der damit verbundenen aggressiven Kommunikation ein stetiger Kampf um Ressourcen. Macht regiert die Verhandlung. Teilweise kann man sogar die Qualität einer Verhandlung nicht mehr erkennen, weil erpresserische Methoden angewandt werden, wenn dem

136 6 Das Konzept der Ganzheitlichen Projektabwicklung – Die acht Kernelemente

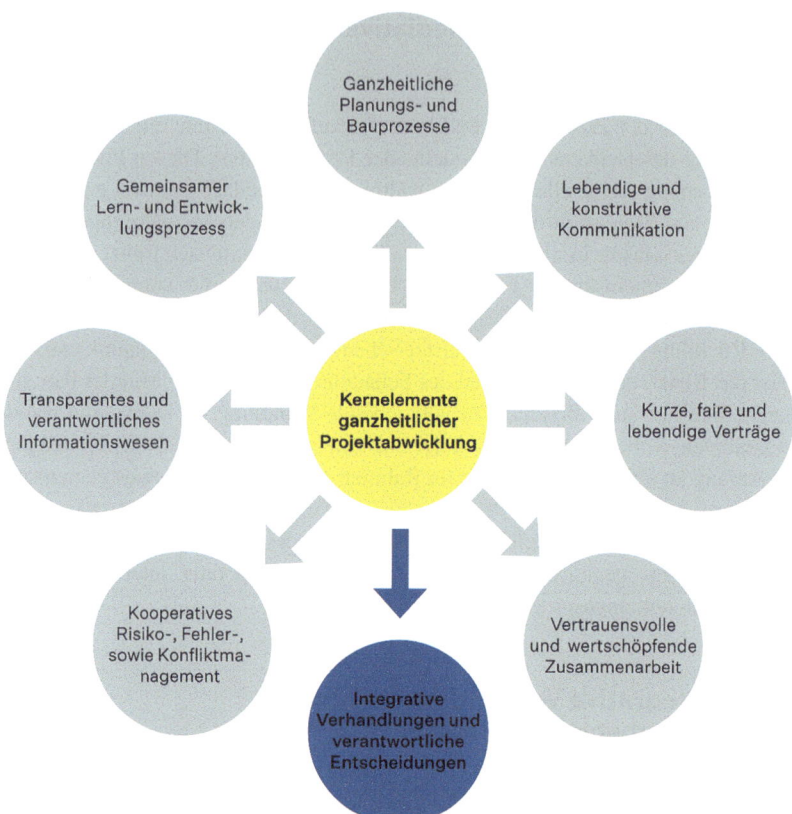

Abb. 6.7 Kernelement: Integrative Verhandlungen und verantwortliche Entscheidungen

jeweiligen Gegenüber nur noch mit empfindlichen Übeln gedroht wird, sollte er nicht den gestellten Forderungen nachkommen. Eine ehrliche und vertrauensvolle Zusammenarbeit ist unter solchen Umständen selbstredend nicht möglich. Erpressung ist keine Verhandlung und darf in der Ganzheitlichen Projektabwicklung nicht vorkommen. Dennoch wird sie in der herkömmlichen Projektabwicklung oft eingesetzt, weil die Spielräume hierfür aufgrund des Fehlens einer Gesamt-Projektführung gegeben sind. Das freie Spiel der Kräfte muss vermieden werden ebenso der Einsatz von Droh- und Erpressungsstrategien, will man nachhaltig wirtschaften und durch die Projektabwicklung Wertschöpfung betreiben. Drohstrategien sind oft unmittelbare Folge der unfairen konventionellen Bauverträge.

6.5 Integrative Verhandlungen und verantwortliche Entscheidungen

Wo Macht in Verhandlungen aufgebaut, demonstriert und ausgenutzt wird, gibt es auf der Empfängerseite automatisch negative Emotionen, wie Wut, Angst, etc. Reine Machtentscheidungen, verpassen automatisch die Chance, wirklich alle Beteiligten gedanklich, fachlich und emotional mitzunehmen. Hierin liegt eine enorme Ressourcenverschwendung. Machtentscheidungen erzeugen, auch wenn sie ggf. in der Sache richtig wären, stets Widerstand und dieser ist Gift für jede Zusammenarbeit. Mindestens 50 % Widerstand ist auch in einer Kompromisslösung enthalten. Eine solche sollte nicht angestrebt werden, will man nachhaltige Wertschöpfung erzielen. Die Strategie zur nachhaltigen Wertschöpfung lautet Kooperation auf allen Ebenen der Verhandlung.

6.5.1 Der Harvard Verhandlungsansatz

Das Harvard Verhandlungskonzept[27] ist ein logischer und kooperativer Verhandlungsansatz mit dem klaren Ziel interessengerecht und wertschöpfend für alle Beteiligten zu verhandeln. Auf diese kooperative und sachgerechte Weise werden Win–Win-Lösungen erreicht. Interessengerecht zu verhandeln bedeutet, dass die von den Verhandlungsparteien verfolgten Positionen und Forderungen hinterfragt werden in Bezug auf die dahinterliegenden Interessen und Bedürfnisse. So wird gemeinsam ein Gesamtverständnis zu den Themen und beteiligten Interessen erzeugt. Dieses ist die Basis für wertschöpfende Win-Win-Lösungen.

Was ist interessengerechtes Verhandeln? Wie kommt es zu einer Win–Win-Lösung?

Beispiel

Der Auftraggeber hat den Wunsch, statt des Wintergartens nun eine Terrasse zu haben. Dann sind dies zunächst Positionen. Der Auftragnehmer mag hier enttäuscht sein, weil er an der Terrasse weniger verdient und wird sagen, das ist doch keine Änderung, das ist eine Teilkündigung und schon sind wir mitten in einem Konflikt, denn im Falle der Kündigung sind seine finanziellen Ansprüche mitunter höher.

Wird aber gefragt, weshalb nun der Auftraggeber den Wintergarten nicht mehr möchte und sich etwa herausstellt, dass er nicht in einem solchen Glashaus sitzen möchte und er dadurch ein schlechtes Wohnraumklima befürchtet. An diesem Punkt kann das Interesse erkannt werden, dass es dem Auftraggeber

---

[27] Fischer/Ury/Patton: Das Harvard-Konzept, Die unschlagbare Methode für beste Verhandlungsergebnisse-erw. und neu übersetzt, 5. Aufl., München, 2021.

um ein gutes Wohnraumklima geht. Dieses Interesse kann dann der Ausgangspunkt für weitere gemeinsame Gespräche sein. So könnte es sein, dass der Wintergarten im Südwesten tatsächlich eine Gefahr für das Wohnraumklima wäre, während er an der Ostfassade das Wohnraumklima ggf. sehr positiv beeinflussen würde. Gemeinsam können nun die Partner überlegen, ob es möglich ist, den Standort des Wintergartens zu optimieren oder innovative Beschattungslösungen für heiße Sommertage zu finden und damit für beide Partner und das Projekt die beste Lösung zu finden. Dadurch, dass die Partner im Gespräch bleiben und gemeinsam die Forderungen hinterfragen und durch Integration der beiderseitigen Interessen – etwa die des Auftragnehmers auf Ausführung des Wintergartens und die des Auftraggebers hinsichtlich des Raumklimas, ist im Wege kooperativer und unterstützender Gespräche eine gemeinsame und interessengerechte Lösung möglich. ◄

6.5.2 Weshalb das Integrieren der Partner für das interessengerechte Verhandeln so wichtig ist

Menschen haben Grundbedürfnisse. Dies wurde unter anderem von Abraham Maslow erforscht, der mit seiner Bedürfnispyramide bekannt wurde. Der Begründer der Gewaltfreien Kommunikation Marshall B. Rosenberg hat den Satz geprägt, dass negative Emotionen der traurige Ausdruck unerfüllter Bedürfnisse sind. Für die gute Zusammenarbeit ist es wichtig, dass ein Wir-Gefühl bei den Partnern entsteht und aufrecht erhalten bleibt. Dies kann durch gemeinsame Werte, Verbundenheit vor allem positive Gefühle geweckt und bestärkt werden. Gute Gefühle entstehen, wenn Bedürfnisse erfüllt werden. Das wichtigste Bedürfnis von Menschen in Verhandlungen ist die Autonomie gefolgt von der Wertschätzung und dem Respekt.

Wie kann dem Bedürfnis nach Autonomie in kooperativen Verhandlungen nachgekommen werden? Nun, die Antwort ist faire Einbeziehung der Interessen der beteiligten Partner, auf der Basis der mediativen Prinzipien Freiwilligkeit, Informiertheit, Ergebnisoffenheit, Transparenz und Offenheit. Durch diese Prinzipien erleben die Parteien, dass sie eine Wahl haben und autonom entscheiden können.

Eine gute Zusammenarbeit kann nicht erzwungen werden. Das bedeutet auch, dass Machteinsatz hier fehl am Platz ist, sei es Informationsmacht, Stress aller Art, unterschiedliche Verhandlungsmacht etc. Alle dies stört eine interessengerechte Verhandlung.

Verantwortliches Wirken und Wirtschaften ist ebenfalls nur im Wege integrativer Prozesse möglich, bei denen sich die Beteiligten nicht als Gegner, sondern als

6.5 Integrative Verhandlungen und verantwortliche Entscheidungen 139

Partner betrachten, denn für einen klaren Kopf ist soziale Verbundenheit wichtig. Daher braucht es eines fairen und verlässlichen Verhandlungsrahmens, wenn eigene und projektspezifisch gemeinsame Interessen aus- und angesprochen werden sollen. Es bedarf des Zuhörens und des echten gegenseitigen Interesses immer Blick auf das Wohl des Gesamtprojekts gerichtet. Wertschätzung und Respekt sind weitere wesentliche Zutaten für eine gelingende Integration der Interessen, denn diese beginnt mit deren Preisgabe. Wer sich zugehörig und gewertschätzt fühlen darf, der wird eher über seine Interessen sprechen, als derjenige, der durch Verhandlungstricks und Machtspielchen abgeschreckt wird, auch nur die leiste Kleinigkeit preiszugeben. Um also interessengerecht zu verhandeln, bedarf es der Integration der Partner auf Augenhöhe.

6.5.3 Die Weiterentwicklung des Vertrages durch Verhandlungen

Aus der Kommunikation der Projektbeteiligten wird ein Bauwerk. Die Projektabwicklung ist ein Schöpfungsprozess. Damit dieses Bauwerk im ganzheitlichen Sinne erfolgreich ist, müssen grundsätzlich alle Verhandlungen sachlich, kooperativ und integrativ geführt werden. Zudem sind aufgrund der kurzen und lebendigen Verträge[28] im Konzept der Ganzheitlichen Projektabwicklung stets gemeinsam Entscheidungen zu treffen. Der Vertrag ist bei Projektbeginn im Detail noch unfertig wie das Projekt selbst. Durch kontinuierliche Verhandlungen werden die Leistungspflichten der Parteien ergänzt und der Vertrag fortgeschrieben. Von Beginn der Ganzheitlichen Projektabwicklung an verhandeln die Projektpartner daher in obligatorischen Verhandlungs- und Entscheidungsrunden und finden hier mittels mediativen Interessenausgleichs tragfähige Einigungen.

Im Konzept der Ganzheitlichen Projektabwicklung geht es darum, optimal integrativ zu verhandeln zum Wohle des Projekts, der Beteiligten und in Verantwortung der Gesellschaft im Sinne der nachhaltigen Entwicklung.

Das BGB legt für das Baurecht das Einigungsprinzip fest. Die Qualität der Einigung jedoch kann unterschiedlich sein. Die Anforderung des Konzepts der Ganzheitlichen Projektentwicklung ist hier, dass durchgängig optimale Einigungen erzielt werden. Dies gelingt auf der Basis von kooperativen und interessengerechten Verhandlungen im Stil des Harvard-Verhandlungs-Modells. Es geht also nicht darum, im Rahmen einer Verhandlung zu feilschen oder einen Kompromiss anzustreben. **Ein Kompromiss ist immer eine halbe Sache. Bei der interessen-**

---
[28] Siehe oben Abschn. 6.3.

gerechten Verhandlung wird etwas viel Besseres gefunden, nämlich eine Lösung, die für alle Beteiligten Vorteile bringt und die dem ganzheitlichen Anspruch gerecht wird.

Der ganzheitliche Ansatz muss vor allem in den vielen Verhandlungen präsent sein, sodass Einigungen auf der Basis eines gemeinsam erarbeiteten Gesamtverständnisses von der Projektaufgabe basieren. Hierfür sind im Konzept der Ganzheitlichen Projektabwicklung projektinterne oder Verhandlungs-Mediatoren vorgesehen, die dafür sorgen, dass die Verhandlungen durch einen mediierten oder moderierten Verständigungsprozess integrativ, kooperativ und partnerschaftlich ablaufen.

6.5.4 Warum bedürfen integrative Verhandlungen mediativer Unterstützung?

Kaum eine Branche hat so viel Erfahrung in Verhandlungen wie die Baubranche. Das Buch „Satanische Verhandlungskunst" wurde von einem Bauleiter geschrieben. Wir können also davon ausgehen, dass wir es in der Baubranche mit Verhandlungsprofis zu tun haben, die „mit allen Wassern gewaschen sind". Zu glauben, dass allein mit einer „Charta des guten Verhandelns" es den so vorgeprägten Projektbeteiligten gelingen wird, ohne Unterstützung von außen, plötzlich fair und integrativ zu verhandeln, ist naiv.

Das integrative Verhandeln erfordert eine gute Beziehung der Verhandlungspartner, bewusste Kommunikation, Vertrauen, Offenheit für Neues und transparente Informationsweitergabe. All das ist den „satanischen Verhandlern" ein Greul, nutzen sie doch Informations- und Machtungleichgewichte bewusst zu ihren Gunsten aus. Bei Verhandlungen der alten Schule geht es meist um das Ausnutzen von momentanen Machtpositionen, das Spielen mit Emotionen, feindliche oder listige Kommunikation, dramatische Abbruchszenarien einer Geschäftsbeziehung, etc. nur um für sich in der Verhandlung das Beste herauszuholen. Hier wird Verhandlung oft als Wettkampf aufgefasst, bei dem derjenige gewinnt, der die andere Seite am meisten über den Tisch gezogen hat. Mit dieser Verhandlungsart ist es unmöglich verantwortliche und nachhaltige Entscheidungen zum Wohle des Projekts, aller Beteiligten und des Gemeinwohls zu treffen.

Auch Partner, die sich nicht so diabolisch verhalten, können nicht ohne Unterstützung durch Dritte kooperativ und interessengerecht Verhandeln, selbst wenn sie so starten, wäre die Gefahr, wieder in alte Verhaltensweisen zurückzufallen sehr groß.

Da das kooperative und interessengerechte Verhandeln ein zentrales Kernelement des Konzepts der Ganzheitlichen Projektabwicklung ist, ist es für den Erfolg der Ganzheitlichen Projektabwicklung wesentlich, dass Verhandlungen durchgehend interessengerecht, integrativ und kooperativ geführt werden. Nur so entstehen

Win-Win-Win-Lösungen, also solche, die alle wesentlichen beteiligten Interessen integrieren. Um dies sicherzustellen, sind die Verhandlungen obligatorisch von den projektinternen Mediatoren im Wege der Verandlungsmediation oder einer mediativen Moderation zu begleiten. Die neutralen und auf integratives und interessengerechtes Verhandeln spezialisierten Mediatoren eröffnen die erforderlichen Räume, um Rückfälle in kompetitive Verhandlungsmuster bei den Partnern zu vermeiden und neues integratives Verhandeln zu erlernen. Für die meisten Projektpartner ist dies ein intensiver Lernprozess. Die mediativen Verhandlungsunterstützer gewährleisten den für die gelingende Projektabwicklung erforderlichen kooperativen, ganzheitlichen und integrativen Verhandlungsrahmen. Das Werkzeug der Mediation kann nämlich nicht nur für den Konfliktfall eingesetzt werden, sondern bereits vorausschauend zur Unterstützung von Verhandlungs- und Entscheidungsprozessen. In diesem Sinne ist die Methode der Mediation wesentlicher und integraler Bestandteil der Ganzheitlichen Projektabwicklung.

6.5.5 Der Ablauf integrativer interessengerechter Verhandlungen

Bei der integrativen Verhandlung geht es um das Ziel, möglichst Win–Win-Lösungen zu erarbeiten. Daher müssen alle Partner kooperieren und zwar zum Wohle des Projekts, jedes Beteiligten und des Gemeinwohls. Hier ist es zunächst erforderlich, sich auf diese Art der Verhandlung immer wieder einzustimmen. Es sind bestimmte Prinzipien erforderlich, die den fairen sachlich-kooperativen Rahmen bilden, der für verantwortliche Entscheidungen die Basis ist.

Diese Prinzipien sind auch die der Mediation zugrunde liegenden wie die Allparteilichkeit und Neutralität der Mediatoren, die Vertraulichkeit der Verhandlung, die Transparenz und Offenheit sowie die Freiwilligkeit, Informiertheit und Ergebnisoffenheit.

Die Phasen der integrativen Verhandlung
Phase 1 Kooperativer Verhandlungsrahmen.
Phase 2 Themensammlung.
Phase 3 Interessen bewusst machen und gegenseitiges Verständnis.
Phase 4 Gemeinsame Lösungssuche.
Phase 5 Entscheidungen und Vereinbarungen.

Die Phasen verlaufen jedoch nicht linear, sondern dynamisch und agil. Sollte an einer Stelle bemerkt werden, dass die Parteien Themen vergessen haben oder sich etwa Konflikte in der Lösungsphase entzünden, dann leiten die Mediatoren das Gespräch im Einvernehmen mit den Partnern wieder zurück in eine frühere Phase.

Phase 1: Kooperativer Verhandlungsrahmen
Die Erkenntnisse aus der Hirnforschung und der Psychologie, die zeigen, dass Menschen zunächst unterbewusst schematisch denken, fühlen, kommunizieren und handeln werden hier praktisch umgesetzt, indem zu Beginn der Verhandlung bewusst ein positiver, wertschätzender und kooperativer Rahmen gesetzt wird.

Auf diese Weise wird Sicherheit und Vertrauen in die Verhandlungssituation vermittelt, sodass die Verhandlungspartner gelassen und konzentriert kommunizieren können. Dabei werden sie auch an die Projektziele und Werte erinnert, sodass ihre Verhandlungen in diesem Rahmen ablaufen können und nicht von Eigennutzinteressen getrieben sind.

Dieser Rahmen wird bei jeder Verhandlung gesetzt und aktualisiert. Mit diesem „Mindset" werden die Verhandlungspartner auf ihre bevorstehende Aufgabe im Rahmen der Verhandlung optimal vorbereitet.

Die konstruktive Kommunikation und interessengerechte Verhandlung ist durch die projektinternen Mediatoren professionell etabliert, sodass einerseits ein Rahmen für Emotionen vorhanden ist und andererseits Konflikteskalationen vermieden werden. Damit ist der erforderliche Rahmen für eine sach- und interessengerechte Bearbeitung der Verhandlungsthemen gegeben, bei dem die Verhandlungs- und Entscheidungsmacht aber stets bei den Akteuren, in diesem Fall bei den Projektpartnern, verbleibt.

Phase 2: Themensammlung
Die Verhandlungsparteien legen gemeinsam die Agenda der Verhandlung fest. Alle anstehenden Themen wie etwa Termine, Leistungen, Änderungen bzw. Konkretisierungen etc. kommen auf eine gemeinsame Liste. Die Parteien bestimmen in welcher Reihenfolge die Themen bearbeitet werden. Durch die gemeinsame Bestimmung der Agenda wird vermieden, dass für Partner wichtige Themen untergehen oder zu wenig Zeit für die Themen ist. Bei herkömmlichen Verhandlungen wird die Agenda häufig durch eine Person vorbereitet, die dadurch die größte auch inhaltliche Macht hat über die zu bearbeitenden Themen. Dies kann als unfair erlebt werden und ist zu vermeiden. Selbstverständlich kann die Agenda bereits im Vorfeld der Verhandlung vorbereitet werden und wird in der Verhandlung dann nur noch bestätigt oder gemeinsam geändert. Grundsätzlich sollten aktuelle Themen

6.5 Integrative Verhandlungen und verantwortliche Entscheidungen 143

immer zuerst bearbeitet werden, um die damit verbundenen oft starken Emotionen sogleich bearbeiten zu können.

Interessenkonflikte, die in der Projektabwicklung aufgrund der Vielzahl der unterschiedlichen Beteiligten als Normalität zu betrachten sind, werden sichtbar und bekommen frühzeitig Gehör, ebenso wie Querschnittsthemen, die im Vorfeld bei der singulären Betrachtung noch unentdeckt geblieben sind, werden frühzeitig bearbeitet.

Phase 3: Interessen bewusst machen und gegenseitiges Verständnis
Hinter jedem Thema steht ein Interesse. Wenn alle Verhandlungsparteien, die Interessen, Hintergründe von Interessenkonflikten kennen, dann entsteht gegenseitiges Verstehen und die Komplexität der Fragestellung wird sichtbar. Erst wenn allen Projektpartnern die auf dem Spiel stehenden Interessen bewusst sind und ein gemeinsames Verständnis von der Projektaufgabe und den zu lösenden Problemen erarbeitet wurde, kann gemeinsam nach einer Lösung bzw. Einigung gesucht werden. Hier geht es um Verstehen und Verstandensein, den Perspektivwechsel, der für jede kooperative und interessengerechte Verhandlung erforderlich ist, um die zu verhandelnden Fragen in ihrer Komplexität und Mehrdimensionalität zu verstehen. Nur durch das gegenseitige Zuhören und Verstehen, ist auch die gute Einbeziehung im Sinne eines Gesamtverständnisses möglich. Erst wenn hier eine gute Basis des Verstehens geschaffen ist, können die Projektpartner im Rahmen der Verhandlung den nächsten Schritt in Richtung Lösung gehen. Nun kennen sie die Eckdaten und Voraussetzungen einer möglichen Wertschöpfung.

Phase 4: Gemeinsame Lösungssuche
Mit der gemeinsamen Lösungssuche sind die Medianten bereits im Kooperationsmodus angekommen und blicken mit einem gemeinsamen Verständnis auf die zu bewältigenden Themen. Lösungen werden zunächst so gesucht, dass erst gemeinsam Bewertungskriterien vereinbart werden. Hierbei ist wichtig, dass mindestens die zuvor identifizierten Interessen der Beteiligten und deren Erfüllung als Kriterien vereinbart werden. Weitere, etwa wirtschaftliche Interessen, zeitliche oder qualitative Anforderungen können hinzukommen. Nach der gemeinsamen Vereinbarung von Bewertungskriterien wird nach möglichst vielen Lösungsoptionen kreativ gesucht. Diese werden und dann anhand der zuvor vereinbarten Kriterien von den Parteien gemeinsam bewertet. So kristallisiert sich ein Einigungsergebnis heraus. Die Mediatoren moderieren diesen kreativen Prozess und nehmen bewusste Rückbezüge zu den zuvor vereinbarten Kriterien vor. So entsteht eine verantwortliche Entscheidung für eine Lösungsoption. Dabei werden auch die für die

einzelnen Projektpartner möglichen Alternativen in die gemeinsame Bewertung von Lösungsoptionen einbezogen.

In dieser Phase kann auch die Methode Choosing by Advantages (CBA) angewandt werden. Sie ist ein Werkzeug aus dem Bereich des Lean Construction. Das Besondere hier ist, dass sie ein Verfahren speziell zur Entscheidungsfindung ist, das sich insbesondere auf die Unterschiede in bewerteten Vorteilen verschiedener Entscheidungsalternativen stützt. Es kann Personen und Gruppen dabei helfen die Qualität von Entscheidungen zu verbessern. Die einbeziehende Gestaltung von Entscheidungsprozessen mit dem Ziel, bewusst anhand von Vorteilen Entscheidungen zu treffen, trägt auch zur Qualität der Entscheidungen im Rahmen ganzheitliche Projektabwicklung bei.

Ebenso kann hier die Methode des systemischen Konsensierens eingesetzt werden. Diese geht einen umgekehrten Weg und versucht geringsten Widerstand gegen einen Lösungsvorschlag zu ermitteln. Dies ist die Lösung, die dann tatsächlich von allen getragen wird.

Phase 5: Entscheidungen und Vereinbarungen
Die Parteien finden zu einer gemeinsam formulierten Einigung, die dann als Anhang zum lebendigen Vertrag hinzugenommen wird und die gegenseitigen Vertragspflichten fortschreibt. Die projektinternen Mediatoren achten beim Formulierungsprozess darauf, dass sich hier nicht Formulierungen einschleichen, die die Parteien zuvor nicht besprochen haben oder ggf. unfair formuliert sind.

Dokumentation der Einigungen
Die Einigungen sind zu dokumentieren, da sie den Vertrag verbindlich fortschreiben als.

- Gemeinsame Konkretisierungen zuvor pauschal formulierter Leistungen und Termine.
- Gemeinsame Änderungen der Leistung statt Nachtragsstreit oder Kündigungen.
- Ggf. einvernehmliche teilweise Reduzierung des Leistungsumfangs.
- Innovationen statt Baustillstand oder Mängel.
- Gemeinsame Vereinbarungen zu Mängelbehebungen und deren Folgen.
- Gemeinsame Vereinbarungen zu Schadensersatzthemen sowie deren Kompensation.

- Gemeinsame Vereinbarungen zu Vorschuss, Abrechnung und Sicherheitsleistungen.
- Sonstiges ...

Die Vereinbarungen sollen so gefasst sein, dass sie mit den Werten und Zielen des Projekts im Einklang sind. Sie sollen vorausschauend gefasst sein und nicht nur die nächsten Schritte betreffen.

Wichtig ist außerdem, dass die Vereinbarungen nach dem im Projektmanagement üblichen smart- Prinzip formuliert sind, sodass wirklich genau klar ist, was vereinbart ist und die Einhaltung der Vereinbarung kontrolliert werden kann. Smart meint in diesem Zusammenhang.

S- spezifisch
M- messbar
A- akzeptiert
R- realistisch
T- terminiert

6.6 Kooperatives Risiko-, Fehler- und Konfliktmanagement

Das nächste Kernelement des Konzepts der Ganzheitlichen Projektabwicklung ist das kooperative Risiko-, Fehler- und Konfliktmanagement (siehe Abb. 6.8). Der kluge Umgang mit Risiken, Fehlern und Konflikten ist in erster Linie Aufgabe der ganzheitlichen Gesamt-Projektführung. Einerseits sollten diese Punkte nicht tabuisiert werden und andererseits aber auch weder zu streng noch zu nachlässig verfolgt werden. In allen drei Bereichen geht es stets darum sie als alltäglich zu akzeptieren, mit dem Ziel sie durch diesen Denkansatz bearbeitbar zu machen, mithin sie zu managen. Ziel des Risiko-Fehler- und Konfliktmanagements muss es jeweils sein, verantwortliche Lösungen gemeinsam zu finden.

6.6.1 Kooperatives Risikomanagement

Risiken gibt es bei jeder Projektabwicklung. Landläufig werden gerne Gefahren mit Risiken gleichgesetzt. Dem ist aber nicht so.

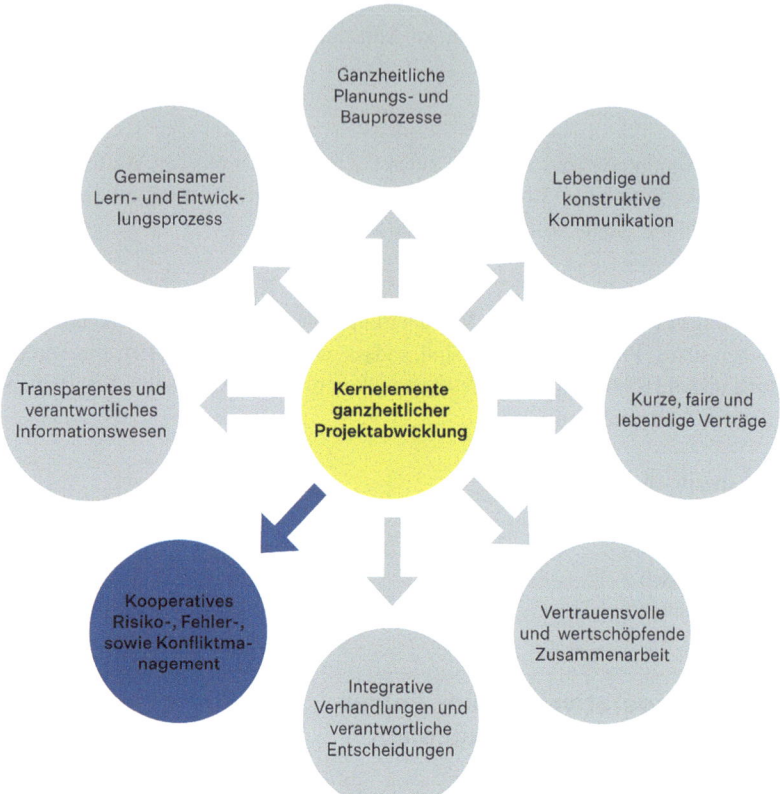

Abb. 6.8 Kernelement: Kooperatives Risiko-, Fehler-, und Konfliktmanagement

Risiken werden üblicherweise durch folgende Faustformel eingeschätzt:

$$(G-M)\times(K-M)=R$$

Also (Gefahr minus Maßnahme) multipliziert mit (Konsequenz minus Maßnahme) ist das Risiko. Für die Einschätzung der jeweiligen Variablen sind Daten, Sachverstand und sehr gute Kenntnisse hinsichtlich der tatsächlichen Ausgangswerte und der Maßnahmenwerte erforderlich, um Risiken verantwortlich, also sachlich und nicht emotional oder schematisch abzuschätzen.

6.6 Kooperatives Risiko-, Fehler- und Konfliktmanagement

Beispiel: Der fehlende Detailplan.
Gefahr: Baustopp.
Konsequenz: Alle Gewerke stehen still.
Risiko: Hoher wirtschaftlicher Schaden, wegen der Bauzeitverlängerung und wegen Verzugs.

Empfohlene Vorgehensweise:
Beispiel
Risikomanagement: Gemeinsam sind wir besser:
Gefahr minus Maßnahme: Frühe Einbeziehung von Fachplanern und den ausführenden Unternehmen.
Konsequenz minus Maßnahme: Gewerke können umdisponieren und haben ggf. innovative Lösungen, auch zum Detailplan.
Risiko: Geringes wirtschaftliches Restrisiko.

6.6.1.1 Risikomanagementsystem in der Projektabwicklung

In Bauprojekten wird oft auch neben einem Qualitätsmanagement die Einführung eines Risikomanagementsystems empfohlen.[29] Der wichtigste Aspekt des Risikomanagements ist dabei, die Gefahr zu erkennen. Also eine Sensibilität dafür zu entwickeln, wann eine Abweichung von Plänen oder auch QM-Maßnahmen eine Gefahr für Qualität, Zeit und Kosten darstellt. Nur wer eine Gefahr erkennt, ist überhaupt in der Lage, die erforderlichen Maßnahmen zu ergreifen.

Im Rahmen eines Risikomanagementsystems werden einerseits die Gefahren im Rahmen der Aufbau- und Ablauforganisation, den Schnittstellen sowie bezüglich der Informations- und Kommunikationssystems betrachtet. Risikomanagement beginnt daher bereits bei der Angebotsauswahl und findet dann stetig und rückkoppelnd vernetzt bei der Angebotsbearbeitung, der Vertragsprüfung, dem Vertragsabschluss, der Arbeitsvorbereitung, der Bauausführung, dem Bauende und schließlich bei der Gewährleistung statt.

Wesentlich ist, dass das Risikomanagement ganzheitlich in die Projektabwicklung eingebunden wird, sodass es zu einer gemeinsamen Mission wird. Daher sind die Stakeholder zunächst zu identifizieren, auf Gefahren, Interessen und Möglichkeiten hin zu analysieren und eine gemeinsame Strategie festzulegen,

---

[29] *Diederichs* in Diederichs/Malkwitz (Hrsg.) Bauwirtschaft und Baubetrieb 3. Aufl. 2020, S. 193 f.

deren Umsetzung zu überwachen ist, um mit den Resultaten des Monitorings rollierend die Risikostrategie gemeinsam mit den Stakeholdern anzupassen und weiterzuentwickeln.[30]

Mit der projektbezogenen Definition einer individuellen Risikostrategie wird festgelegt, wie erkannte Gefahren bewertet werden und wie mit dem Risiko umgegangen werden soll. Die Strategie kann dabei darauf abzielen, dass die beteiligten Stakeholder einzelfallbezogen eine gemeinsame Strategie festlegen. Dies ist grundsätzlich ein lebendiger Prozess und hängt von dem aktuellen Stadium des Projekts ab.

In einem ganzheitlichen Risikomanagementsystem erhalten die Projektbeteiligten durch die gemeinsame Festlegung einer Risikostrategie Sicherheit, denn Gefahren werden erkannt, bewertet und durch gemeinsam festgelegte Maßnahmen gebannt. Funktioniert dieser Weg fair und integrativ, dann wird hierdurch eine wesentliche Grundlage für ein funktionierendes Kollaborieren geschaffen.

6.6.1.2 Kooperatives Risikomanagement in der Projektabwicklungspraxis

Diese grundsätzliche Vorgehensweise zur Risikoabschätzung ist einleuchtend und meist auch Standard in Projekten. Allerdings ist es so, dass die Beteiligten einer konventionellen Projektabwicklung teils Risiken falsch einschätzen, weil sie im Katastrophen-Denkrahmen[31] feststecken. Gerade beim Risikomanagement geht es ja darum, hinter jedem Vorgang die Gefahr zu entdecken. Hier hat der Katastrophendenkrahmen ggf. auch seine Berechtigung. Im Risikomanagement muss ganz bewusst die mögliche Gefahr erkannt werden.

Allerdings ist es für den Projekterfolg von wesentlicher Bedeutung, dass die Projektbeteiligten einen gemeinsamen Umgang mit der Gefahr beschließen, sonst passiert das, was oft in Projekten passiert, es wird neurotisch. Jede kleinste Gefahr gibt dann Anlass zu Angst und Schrecken.

6.6.1.3 Die sich selbst ansteckende Gefahr, die in Projekten umgeht

Bewusste und sachgerechte Kommunikation verwandelt sich in solchen Situationen schnell in eine destruktive. Es entsteht eine angespannte bis konfliktreiche Stimmung, in der bald jeder Beteiligte überlegt, wie er nun andere für die Situation

---

[30] *Baumgärnter* in Diederichs/Malkwitz (Hrsg.) Bauwirtschaft und Baubetrieb 3. Aufl. 2020, S. 301 f.
[31] Siehe oben 6.2.3. und 6.2.4.

6.6 Kooperatives Risiko-, Fehler- und Konfliktmanagement

verantwortlich machen kann. Vor diesem Hintergrund ist dann kooperatives Risikomanagement nicht mehr ohne weiteres möglich.

Gerade an dem Punkt des Risikomanagements zeigt sich, wie ernst es die Parteien mit der **ganzheitlichen und kollaborativen Zusammenarbeit meinen**. Gerade hier gibt es viel zu verlieren und zu gewinnen. Alte Handlungsmuster sind bekannt: Gefahren entweder übertrieben großmachen oder herabspielen, je nachdem, wem was nützt. Dies wäre der Beginn eines unerwünschten Kreislaufes, der zu Positionen und Forderungen sowie zu Misstrauen und Schutzbehauptungen führt. Ein solcher Ablauf muss erkannt und vermieden werden, denn er stellt für sich gesehen ein Risiko für die kollaborative Zusammenarbeit dar.

Daher ist es wichtig, dass im Konzept der Ganzheitlichen Projektabwicklung die Gesamt-Projektführung die Risikoanalysen kooperativ moderiert und sicherstellt, dass eine wertschätzende und kooperative Kommunikation mit dem Denkrahmen „Best for Project" von allen Beteiligten eingenommen werden kann. Die Angst vor Risiken wird in dem Maße sinken, in dem die Beteiligten erleben, dass die Risiken gemeinsam beherrschbar sind und damit die weiterfressenden Gefahren für jeden einzelnen Beteiligten gering bleiben. Zudem ist die mediative Unterstützung nötig, um die unterschiedlichen Interessen der Stakeholder in die Risikostrategie sinnvoll einbeziehen zu können. Keiner möchte sich bei der Projektabwicklung unnötiger Gefahren aussetzen.

Es sind aber die Chancen die das Projekt weiterbringen. Diese sind teils in den Risiken verborgen und müssen gehoben werden wie ein Schatz.

Da Risikomanagement in alle laufende Prozesse integriert werden muss, ist es erforderlich, hierüber transparent mit allen zu kommunizieren und eventuelle Ängste und Sorgen der Beteiligten bezogen auf die entdeckten Gefahren aktiv und konsequent anzusprechen und gemeinsam zu lösen. Mit der gemeinsamen Problemlösung werden dann zunächst berechtigte Ängste in Bezug auf die Gefahren beseitigt. Dies beginnt bereits bei der Vertragsgestaltung. Hier sollten die Parteien evtl. Gefahren und Ängste besonders ernst nehmen, denn wird der Vertrag als besonders gefährlich eingeschätzt, dann werden sich die betroffenen Parteien von Anfang an bei der Erfüllung des Vertrages zu schützen versuchen. Dies wiederum lässt eine Kultur des Misstrauens entstehen und die absichernde Dokumentation in den Vordergrund treten. Dies stört eine innovationsfreundliche Kultur der kollaborativen Zusammenarbeit. Der erste Schritt des ganzheitlichen Risikomanagements sind daher die fairen und lebendigen Verträge.[32]

---

[32] Siehe oben 6.3.

6.6.2 Fehlermanagement in der ganzheitlichen Projektabwicklung

In dem Konzept der Ganzheitlichen Projektabwicklung ist es essenziell, dass sich grundsätzlich alle Beteiligten darüber im Klaren sind, dass Fehler passieren werden. Dies liegt daran, dass wir uns hier in einem einmaligen Schöpfungsprozess befinden und hier immer mit unbekannten Faktoren zu rechnen ist, die zu Fehlern führen können. Allerdings müssen Fehler möglichst schnell und verantwortlich korrigiert werden, damit das Gesamtprojekt optimal unterstützt wird.

Das bedeutet, dass Fehler in ihrer Komplexität erfasst werden und ihre Auswirkungen bezogen auf das Gesamtprojekt analysiert und in der Komplexität – also gemeinsam – bearbeitet werden.

Es geht darum, dass Verantwortung für Fehler übernommen wird und zwar dort wo sie hingehört. Keiner soll sich verstecken müssen und Fehler anderen zuschieben, um selbst aus der „Schusslinie" zu sein. Nur wenn die ganzheitliche Gesamt-Projektführung von all den Dingen erfährt, die anders laufen als geplant und die ggf. Fehler sein könnten, sind diese Punkte in der gebotenen Art und Weise, schnell und verantwortlich, zu lösen.

Die Gesamt-Projektführung muss dieses Verständnis über Fehler und deren Management immer wieder aufrechterhalten und in obligatorischen Besprechungen bearbeiten. Dies verlangt von den Partnern Kritikfähigkeit und Verantwortung für Fehler zu übernehmen.

Damit aus Fehlern keine weiteren Risiken entstehen ist es auch erforderlich, dass sich die Projektbeteiligten obligatorisch mit Fehlern auseinandersetzen, um Verbesserungen im Schöpfungs- oder auch im Herstellungsprozess vorzunehmen.

6.6.2.1 Einsatz der Lean Methode „A3-Denken"

Das A3-Denken oder auch A3-Report ist ein Werkzeug aus dem Lean Construction. Das A3 bezieht sich hierbei auf das DIN A3 Format eines Blattes. Auf diesem Blatt wird der Prozess eines Problems, die Lösung dafür und der Handlungsablauf dargestellt. Die Veranschaulichung der Lösung des Problems findet mit allen Projektbeteiligten gemeinsam statt. Weiterhin ist auch die Ursache für das Problem zu untersuchen, damit geeignete Maßnahmen ergriffen werden können. Beim A3-Denken wird nach dem Plan-Do-Check-Act-Zyklus vorgegangen, um eine kontinuierliche Verbesserung der Prozesse zu bewirken. Der Prozess beginnt mit der Planung, geht über in die Umsetzung, um sich schließlich einer Überprüfung zu stellen. Für den Fall, dass bei der Überprüfung ein Erfolg sichtbar wird, wird der Prozess als Standard festgelegt.

6.6.2.2 Einsatz der Lean Methode „5-Warum"

Zur Analyse von Problemen und deren Ursachen hält das Lean Construction Wissen die 5-Warum-Methode bereit. Hierbei wird fünfmal nach dem „Warum" für die Ursache z. B. einer Zielabweichung gefragt. Dadurch soll der Hauptgrund für die Ursache des Fehlers gefunden und entsprechende Lösungen zur Behebung definiert werden. Der Grund für eine Abweichung kann oftmals auch vor dem fünften „Warum" gefunden werden. Indem geeignete Maßnahmen für die Ursachen der Fehler gefunden werden, wird langfristig dazu beigetragen, dass diese in Zukunft vermieden werden.

6.6.3 Kooperatives Konfliktmanagement

In herkömmlichen Projektabwicklungen werden Konflikte vor allem konfrontativ ausgetragen. Dies führt häufig automatisch zu juristischen bzw. gerichtlichen Konfliktbearbeitungen. Diese Art des Konfliktmanagements wird oft als gegeben und üblich hingenommen, statt dieses Thema als Führungs- und Querschnittsaufgabe zu begreifen. Daher existieren in herkömmlichen Projekten kaum Konfliktmanagementsysteme, obwohl seit vielen Jahren nachgewiesen ist, dass diese zu einer deutlichen Reduktion von Konflikten und deren Kosten beitragen.

Die Projektpartner werden in vielen herkömmlichen Projektabwicklungsformen mit ihren Konflikten allein gelassen, auch wenn dort alternative Konfliktlösungswege vorgesehen sein sollten, denn Adjudikation und Schlichtung führen nicht zu einer interessengerechten Verhandlung im Wege des gegenseitigen Verstehens. Sie arbeiten also nicht integrativ, sondern symptombezogen. So verhelfen sie allenfalls einen Stillstand zu vermeiden, unterstützen aber nicht die Suche nach einer wertschöpfenden Lösung.

Das Konzept der Ganzheitliche Projektabwicklung basiert auf umfassenden ganzheitlichen Ansätzen. Konfliktbearbeitung ist eine zentrale Führungsaufgabe, die in den einzelnen Kernelementen sei es im Verhandlungswege, in der Kommunikation, in der Zusammenarbeit oder auch im transparenten Informationswesen alltäglich stattfindet. Ganzheitliche Projektabwicklung fußt auf projektdienlicher Kommunikations- und Einigungskultur. Da diese Prozesse im Grunde bereits vorsorglich und umfassend von Mediatoren begleitet werden, ist möglichen Konflikteskalationen ganzheitlich vorgebeugt. Dies ist bereits Teil eines aktiven und obligatorischen Konfliktmanagementsystems, das in der Ganzheitlichen Projektabwicklung zu etablieren ist.

6.6.3.1 Konflikteskalationsstufen nach Glasl:

Glasl hat im Grunde drei wesentliche Konflikteskalationsstufen beobachtet und in jeweils 3 weiteren Unterkategorien eingeteilt. Die Stufen beschreiben jeweils einen Abstieg der betroffenen Personen in immer niedere moralische Bereiche, begleitet von einer ebenso steigenden Gewalteskalation.[33]

Die neun Eskalationsstufen nach Glasl
WIN-WIN- Bereich

Stufe 1 Verhärtung.
Stufe 2 Debatte und Polemik.
Stufe 3 Taten statt Worte.

WIN-LOSE-Bereich

Stufe 4 Images und Koalitionen.
Stufe 5 Gesichtsverlust.
Stufe 6 Drohstrategie und Erpressung.

LOSE-LOSE-Bereich

Stufe 7 Begrenzte Vernichtungsschläge.
Stufe 8 Zersplitterung, totale Zerstörung.
Stufe 9 Gemeinsam in den Abgrund.

Die von Glasl aufgezeigten Stufen sind ein Abstieg der beteiligten Personen in immer kriegerische und feindseligere Ebenen ihrer Persönlichkeit.[34] Der größte Abstieg besteht zwischen Stufe I und II. Hier findet eine soziale Ausweitung des Konflikts statt, d. h. andere werden in den Konflikt zwischen zwei Personen mit hineingezogen. Diese Gefahr droht in der herkömmlichen und damit fragmentierten Projektabwicklung sehr schnell, weil es dort immer Lager gibt.

Die erste Stufe, in der noch Win–Win Lösungen stets möglich sind, wird durch die bereits aufgezeigten vorbeugenden Maßnahmen im Rahmen der ganzheitlichen

---

[33] Glasl, F., Konfliktmanagement, 12. Aufl, 2020, S. 243 ff.
[34] Glasl, F., Konfliktmanagement, 12. Aufl, 2020, S. 243 ff.

6.6 Kooperatives Risiko-, Fehler- und Konfliktmanagement

Abb. 6.9 Elemente eines Konfliktmanagement-Systems im Überblick

Projektabwicklung weitestgehend projektintern bearbeitet. Dennoch kann es auch hier vorkommen, dass Konflikte entstehen, die im Rahmen der projektbegleitenden systemimmanenten mediativen Unterstützung ggf. nicht gelöst werden können.

Konflikte sind immer Risiko und Chance zugleich. Sie zeugen ggf. von Veränderungs- oder Verbesserungsbedarf. Zudem sind es die Beteiligten aus der herkömmlichen Projektabwicklungskultur gewohnt, Konflikte auch zu ihren Gunsten zu nutzen und streiten daher ggf. mit einer bestimmten Absicht.

In der Ganzheitlichen Projektabwicklung ist es sinnvoll, von Anfang an ein Konfliktmanagementsystem zu etablieren, also festzulegen, welche Konfliktmanagement-System-Komponenten wann und wie zum Einsatz kommen sollen.

Die Architektur eines üblichen Konfliktmanagement-Systems ist in Abb. 6.9. dargestellt. Das gesamte Konzept der Ganzheitlichen Projektabwicklung dient der Konfliktvorbeugung und gibt daher dem Konfliktmanagementsystem ein stabiles Fundament.

6.6.3.2 Konfliktmanagementmethoden
Mögliche Komponenten neben den durch die ganzheitliche Projektabwicklung bestehenden vorbeugenden Maßnahmen können sein:

- **Kooperationsbarometer**

Um projektintern Konflikte frühzeitig zu erkennen, ist es sinnvoll zwischen den Projektbeteiligten regelmäßig Umfragen zur Messung der Stimmung bzw. Konfliktgeneigtheit zu machen. Dies sind die sog. Konfliktbarometer. Je früher ein Konflikt gesehen und bearbeitet wird, desto schneller kann er bearbeitet werden und das Eskalationsrisiko sinkt. Das Monitoring zeigt sehr schnell einen etwaigen Handlungsbedarf an. Projektinterne Mediatoren können schnell eingebunden werden. Je früher ein Konflikt bearbeitet wird desto wahrscheinlicher lässt er sich kooperativ lösen. Dies bestätigen auch die Untersuchungen von Glasl im Rahmen seines Eskalationsmodells.

- **Konfliktanlaufstelle**

Grundsätzlich sollten die Konflikte durch die Projektbeteiligten selbst gelöst werden können. In dem Konzept der Ganzheitlichen Projektabwicklung, das die Konfliktgeneigtheit der Projektabwicklung umfassend reduzieren möchte, ist bereits von Anfang an eine Anlaufstelle für Konflikte zu etablieren. Diese ist wie ein stets offenes Ohr zu verstehen. Die Konfliktanlaufstelle koordiniert die weitere Behandlung der Konflikte. Dies kann auch digital organisiert sein.

- **Projektinterne Mediation**

In dem Konzept der Ganzheitlichen Projektabwicklung sind projektinterne Mediatoren als fester Bestandteil der Projektorganisation zu etablieren. Sie haben zwei große Aufgabenbereiche:

- Vertrags- bzw. Deal Mediation: Die Begleitung von Kommunikations-, Verhandlungs-und Entscheidungsprozessen. Hier geht es vor allem um die partnerschaftliche, integrative und kollaborative Erarbeitung interessengerechter Lösungen für obligatorische Fragestellungen im Projekt.
- Projektbegleitende Streitbeilegung: Frühzeitige und unkomplizierte Bearbeitung von aktuell auftretenden Konflikten, egal welcher Art sie sind.

Damit sind die projektbegleitenden bzw. projektinternen Mediatoren die beste Maßnahme gegen die Gefahren, die von unkontrolliert ablaufenden Konflikten für das Projekt ausgehen. Sie sind damit Teil eines ganzheitlichen Risikomanagements bezogen auf das Konfliktrisiko.

6.6 Kooperatives Risiko-, Fehler- und Konfliktmanagement

- **Mediation mit externen Mediatoren**

Für das Konzept der Ganzheitlichen Projektabwicklung steht das kollaborative Moment im Vordergrund. Daher werden ausschließlich kooperative Konfliktlösungsmethoden eingesetzt, da nur diese zum ganzheitlichen Ansatz passen. Alles andere wäre inkonsequent. Sollte eine Partei das System sprengen wollen, müsste sie einfach etwa eine Schlichtung oder ein Schiedsverfahren oder gar eine Adjudikation beantragen und schon wären die Parteien aus ihrer Verantwortung für die Lösungsfindung sowohl hinsichtlich des Prozesses als auch des Inhalts entbunden. Dritte für sich entscheiden zu lassen, bedeutet, sich hinter Argumenten zu verstecken, statt sich auf Interessen zu konzentrieren. Mediation ist ein sehr effektives und auch schnelles Verfahren der kooperativen Konfliktlösung. Es ist daher im Falle des Scheiterns einer projektinternen Mediation oder nach Empfehlung der Konfliktanlaufstelle als letzte projektbezogene Konfliktbearbeitungsebene die Mediation durch externe Mediatoren durchzuführen. Hierzu sollten die Parteien durch entsprechende Mediationsklauseln in Verträgen verpflichtet sein.

In der Ganzheitlichen Projektabwicklung wird von Anfang bis zum Ende auf Interessenausgleich und Einigung gesetzt.

6.6.3.3 Vertragliche Verankerung des Konfliktmanagements

Der Konfliktmanagementrahmen sollte zwischen den Parteien zu Beginn des Projekts definiert werden und als Mediationsklauseln in die Verträge aufgenommen werden. Dabei verpflichten sie sich, die vereinbarten Konfliktmanagement Elemente aktiv zu unterstützen und als „ultima ratio" eine Mediation mit externen Mediatoren in Anspruch zu nehmen. Erst falls diese gescheitert sein sollte, darf gerichtliche Hilfe in Anspruch genommen werden. Dabei ist es interessant zu wissen, dass über 85 % aller Mediationen tatsächlich mit einem Ergebnis enden, während nur ca. 25 % der vor Gericht gebrachten Klageverfahren mit einem Urteil enden. Die Chancen, sich konsequent auf den Einigungsweg zu begeben, sind also auch im Konfliktfall sehr gut.

Mediationsklauseln in Verträgen bewirken einen dilatorischen Klageverzicht. Das bedeutet, dass zunächst eine Mediation versucht werden muss, bevor Klage erhoben werden kann. Für den großen Bereich der Nachtragskonflikte kann das Mediationserfordernis auch die Anrufung des Gerichts gem. § 650 d BGB im Falle einer Anordnung gem. § 650 b Abs. 2 BGB betreffen. Ist eine solche Regelung im Vertrag verankert, kann die notwendige Mediation sowohl durch externe als auch projektinterne Mediatoren erfolgen. Allerdings muss der genaue Weg zum Mediator in der Klausel beschrieben sein, damit diese wirksam ist. Für den Fall des

Scheiterns einer Mediation, die im Rahmen einer Nachstragsanordnung vertraglich ausgelöst wurde, kann dann die Anordnung gem. § 650 d BGB beantragt werden. Damit ist auch der Projektfortschritt gewährleistet.

6.7 Transparentes und verantwortliches Informationswesen

Informationen sind in der heutigen digitalisierten Welt grundsätzlich leicht zugänglich zu machen. Dennoch gibt es in herkömmlichen Projektabwicklungen häufig enorme Informationsasymmetrien zwischen den Projektbeteiligten, die automatisch zu Misstrauen führen. Mangelnde Transparenz ist die Hauptursache für Widerstand und dieser für schlechte Zusammenarbeit, unverantwortliche Entscheidungen und Konflikte. Ursache für die Intransparenz ist das in der herkömmlichen Projektabwicklung übliche „Geheimhaltungssyndrom", dessen Hauptursachen einerseits das „Wissen-ist-Macht-Mindset" und anderseits eine „Ich-habe-etwas-zu-verbergen-Situation" sind.[35]

Transparenz von Informationen ist Grundvoraussetzung für ein Handeln auf Augenhöhe im Projekt und damit auch für Partnerschaft und Kollaboration. Sie liegen als Kernelemente dem Konzept der Ganzheitlichen Projektabwicklung zugrunde (s. Abb. 6.10).

Dabei geht es nicht um irgendwelche Informationen, sondern um alle projektrelevanten und zwar in Echtzeit. Genau diese müssen jederzeit zugänglich sein. In herkömmlichen Projektabwicklungen ist dies meist nicht der Fall, Projekt- oder Teamleiter übernehmen dort oft die Aufgabe des Informierens. Auf diese Weise halten sie Informationen zurück. Wer eingeweiht wird, dessen Status steigt und er fühlt sich dem Informanden gegenüber verpflichtet.

Bei diesem Vorgang des Informationshandels im Projekt werden zudem oft unbeabsichtigt Informationen interpretiert, verkürzt, verfälscht und so weiter. Sie werden also immer unzuverlässiger. Dies kann den Erfolg des Projekts erheblich gefährden.

Dennoch lassen es sich in herkömmlichen Projektabwicklungen Projekt- oder Teamleiter oft nicht nehmen, die wesentliche Informationsquelle zu sein. Das stärkt ihre Macht, führt aber auch umgekehrt zu einer „Informier-mich-Kultur" bei den Projektbeteiligten, die sich zurücklehnen und erwarten, informiert zu werden und sich selbst nicht aktiv nach Informationen fragen. Diese passive Haltung führt

---

[35] Puckett, Stefanie, Der Code agiler Organisationen, 2020, S. 67 ff.

6.7 Transparentes und verantwortliches Informationswesen

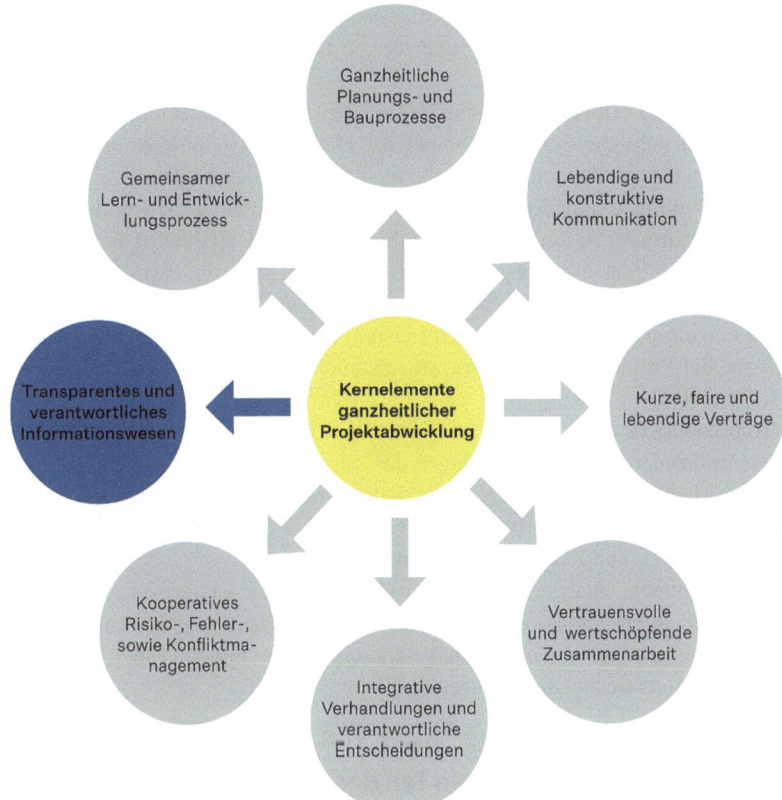

Abb. 6.10 Kernelement: Transparentes und verantwortliches Informationswesen

dann zu Aussagen wie: „Das hat mir keiner gesagt" etc. Die herkömmliche Kultur des Informiertwerdens ist oft ursächlich dafür, dass Projektpartner oder Teams selbst keine Verantwortung für ihre Informiertheit übernehmen. Damit wird signalisiert, dass eigenständiges Denken und die Übernahme von Verantwortung für den Erfolg des Gesamtprojekts abgelehnt werden. Damit ist die Kollaboration gestört.

In einer kollaborativen und partnerschaftlichen Projektabwicklung müssen daher alle Beteiligten Verantwortung für das Sammeln und Nutzbarmachen von Daten und Informationen übernehmen. Sie müssen daher aktiv Informationen nachfragen und neue Quellen suchen sowie diese mit den anderen Projektbeteiligten austauschen. Dies ist ein völlig neuer Ansatz, der aus dem Kontext von agilen Unternehmen bekannt ist[36] und für die Ganzheitliche Projektabwicklung nutzbar gemacht wird.

Dieser Ansatz erfordert eine neue Haltung bei allen Projektbeteiligten und besondere ganzheitliche Führungskompetenz. Hier geht es um Vertrauen. Daher sind auch in diesem Zusammenhang die mediativen Projektbegleiter von wesentlicher Bedeutung, um die Entstehung der erforderlichen guten Gewohnheiten bei den Projektpartnern zu fördern und beizubehalten. Im Idealfall wird die Situation des Projekts in Echtzeit transparent gemacht. Damit sind alle Partner gut orientiert und sie erhalten einen Motivationsimpuls, etwas Wesentliches zum Projekterfolg beizutragen. Denn die eigenen Leistungen werden für alle sichtbar. Es ist Aufgabe der Projektbeteiligten, Fragen zu stellen und zuzuhören und sich selbst zu informieren.

Transparenz ist die wichtigste Voraussetzung für Vertrauen. Daher ist ständige Echtzeitinformiertheit für das Gelingen der Zusammenarbeit essenziell. So kann nach der Methode des KANBAN digital jederzeit für alle ersichtlich werden, was zu tun ist, was gerade in Bearbeitung ist und was erledigt ist und dabei auch die Beteiligten, Budget- und Zeitaspekte visualisiert werden.[37]

Daten sammeln, analysieren und Menschen einbinden, ist eine verantwortliche Strategie des Informationswesens, die zu verantwortlichen, weil wissensbasierten Entscheidungen führt. Voraussetzung ist allerdings, dass mit den Daten gleichzeitig sorgsam und sensibel umgegangen wird.

6.7.1 Information ist nur ein Teil der Kommunikation

Oft wird in der Alltagssprache der Begriff der Kommunikation mit dem der Information gleichgesetzt. Dies ist jedoch ein grundsätzlicher Irrtum, der immer dann entsteht, wenn Kommunikation simplifiziert wird. Die menschliche Kommunikation ist ein komplexer Vorgang, bei dem der Austausch von Sachinformationen ein Aspekt ist. Kommunikation ist die Grundlage der Zusammenarbeit zwischen Menschen und hat dabei zumindest immer auch die Aufgabe Informationen zur Beziehung dieser Menschen, zur Selbstoffenbarung und zu den Bitten wie dem nach Unterstützung etc. auszutauschen.[38]

---

[36] Ebenda, S. 79 ff.
[37] Ebenda, S. 92 ff.
[38] Siehe Kap. 3, Unterpunkt 2.

6.7 Transparentes und verantwortliches Informationswesen

Kommunikation ist die Grundlage der Zusammenarbeit und kann nicht versachlicht oder reduziert werden auf den Austausch von Sachinformationen. Andererseits sind die Kommunikationswege entscheidend für den Zugang zu relevanten Informationen und damit auch über deren ganzheitliches Verständnis.[39] **Die Art und Weise der Kommunikationsstrukturen bestimmt über den Grad der Informiertheit der Projektpartner und damit über den Grad ihrer Einbeziehung.**[40]

Die Ganzheitliche Projektabwicklung erfordert Kommunikationswege, die für jeden Projektpartner einen barrierefreien Zugriff auf alle Projektinformationen ermöglicht. Dies gebietet der Grundsatz der Informiertheit, welcher gleichzeitig ein wesentlicher Fairnessaspekt ist[41] und dafür sorgt, dass sich die Projektpartner auf Augenhöhe begegnen können. Im Grunde geht es hier um einen Austausch in der sogenannten Vollstruktur.[42]

Viele klassischen Projektabwicklungsformen sind aber so organisiert, dass selbst in Zeiten der Digitalisierung die Informationen noch gefiltert werden und damit die Projektleitung entscheidet, wer Zugang zu Informationen bekommt und wer nicht. Damit entstehen automatisch Informationsasymmetrien und als Folge dessen Misstrauen unter den Projektbeteiligten. Dieser altertümliche Umgang mit Informationen nach dem Motto „Wissen ist Macht", findet bei herkömmlichen Projekten selbst bei notwendigen gemeinsamen Planungen – etwa auf der Grundlage von BIM – noch immer statt. Hier sind einige Partner nicht bereit, ihr ganzes Know-how preiszugeben. Damit wird das Planen mit BIM ad absurdum geführt. Dass solche Denkrahmen und Handlungsweisen nicht kollaborationsfreundlich sind, wurde bereits in früheren Kapiteln ausführlich erläutert.

In dem Konzept der Ganzheitlichen Projektabwicklung geht es nun darum, dem Projekt auch durch digitale Unterstützung ganzheitlich zu dienen, indem einerseits alle Informationen für alle Projektbeteiligten offen zugänglich sind und sich andererseits auch alle zur Verschwiegenheit verpflichten. Das Know-how der Projektpartner, wie auch Projektinterna dürfen nicht nach außen dringen. Gemeinsam erarbeitete Pläne gehören ideell allen Partnern gemeinsam, auch hinsichtlich des Urheberrechts. Hier schaffen die Projektpartner ggf. über das Projekt hinaus einen zusätzlichen Wert für sich und die anderen Beteiligten im Hinblick auf die spätere Verwertung des geistigen Eigentums an den Plänen und dem Know-how.

---

[39] Scharmer, Otto, Essentials der Theorie U, S. 58 ff.
[40] Vgl. Vester, F., Die Kunst vernetzt zu denken, 2. Aufl. 2019, S. 30 ff. sowie S. 154 ff.
[41] Siehe Kap. 3, Unterpunkt 1.
[42] Siehe hierzu ausführlich: von Rosenstiel, L, *Grundlagen der Organisationspsychologie. Basiswissen und Anwendungshinweise.* 5. Auflage.2003, S. 287.

6.7.2 Ganzheitliches Informationsmanagement

6.7.2.1 Vertraulichkeit, Datenschutz und Datensicherheit

Abb. 6.11 stellt alle wesentlichen Elemente des ganzheitlichen Informationsmanagements dar. Vertraulichkeit, Datenschutz und Datensicherheit erschafft den notwendigen Handlungsraum, um Informationen zu teilen und Vertrauen wachsen zu lassen. Alle Projektdaten sollen, soweit dies im Einzelfall notwendig und sinnvoll ist, vertraulich sein und dürfen von den Partnern niemanden außerhalb des Projekts zugänglich gemacht werden. Dies ist einerseits durch entsprechende Vereinbarungen sicherzustellen und andererseits auch informationstechnisch umzu-

Abb. 6.11 Überblick: Ganzheitliches Informationsmanagement

6.7 Transparentes und verantwortliches Informationswesen

setzen und nachvollziehbar zu machen. Für einen hohen Standard an Datensicherheit ist zu sorgen. Alle Partner sollen sich als Eigentümer der Informationen begreifen und entsprechend verantwortlich damit umgehen. Projektführung und die projektbegleitenden Mediatoren etablieren und aktualisieren die hier notwendige Achtsamkeit bei den Projektpartnern.

6.7.2.2 Transparente Echtzeit-Informationsplattform

Wie in Abb. 6.11 gezeigt, besteht das nächste Element des ganzheitlichen Informationsmanagements darin, eine transparente Echtzeit-Informationsplattform zu etablieren. Dies beginnt damit, dass die Partner alle für sie wichtigen Rahmenbedingungen im Hinblick auf das Informationsmanagement, den Umgang mit Daten, die Vertraulichkeit der Daten und das geistige Eigentum festhalten und erarbeiten hierzu ein Anforderungsprofil für die Informationsplattform.

Folgende Informationen sollten den Parteien in der ganzheitlichen Projektabwicklung jederzeit in Echtzeit und transparent zur Verfügung stehen:
- Grundlagen.
- Sinn und Qualitäten.
- Planungen inkl. BIM.
- alle Verträge und die fortschreibenden Einigungen.
- alle Konfliktlösungen + Risikoanalysen.
- Fehler und Mängelberichte.
- alle Workshops zur ganzheitlichen Projektabwicklung.
- Datenschutz und Informationen zum Informationsmanagement.

Es geht um wirklich alles, also um alle Vereinbarungen zur Zusammenarbeit, insbesondere auch die Definition des gemeinsamen Projektziels, der gemeinsame Lernprozess, alle Architektur- und Ingenieurpläne, Gutachten, Genehmigungen, technische Hintergründe, Terminpläne und deren Fortschreibung, Zusagen und deren Erfüllung, alle Einigungen, die Vertragsinhalt geworden sind und jeweiligen Leistungspflichten betreffen, Kalkulationen, alle Risikoanalysen, Fehler- und Verbesserungsdokumentationen, alle Konflikteinigungen, alle erledigten und noch ausstehenden Zahlungen, alle Informationen zu möglichen Mängeln, alle gemeinsamen Erfolge.

Diese Informationsplattform geht mithin weit über das übliche Maß einer Projektmanagementsoftware hinaus. Hier werden alle wesentlichen Informationen transparent gespeichert und verwertet. Ein solches Tool ist bisher leider noch nicht auf dem Markt.

6.7.2.3 Strukturierung und Pflege der Daten und Informationen

Ohne Struktur und Ordnung sind eine Fülle an Daten für Menschen eine Überforderung. Sie schalten ab und beginnen sich nicht mehr zu informieren. Dies muss verhindert werden. Daher ist das nächste Element des ganzheitlichen Informationsmanagements wie in Abb. 6.11 gezeigt, die Strukturierung und Pflege der Daten und Informationen. Hierzu werden alle Zahlen, Daten und Fakten in eine sinnvolle und der ganzheitlichen Projektentwicklung entsprechende Struktur gebracht und in dieser für alle zugänglich online vorgehalten in Echtzeit bereitgestellt.

Das Informationssystem ist klar strukturiert aufzubauen und gewährt jedem Projektpartner alle Einsichtsrechte und je nach Thema auch Autorenrechte. Die ganzheitliche Projektführung ist direkt für das Informationsmanagement zuständig, welches den Projektpartnern auch die Möglichkeit eines Austauschs zu Themen bezüglich der Projektabwicklung bietet. So kann sich jeder jederzeit über den Stand des Projekts und den der Zusammenarbeit informieren und ist in der Lage auch frühzeitig etwaige Termin-, Kosten-, oder Qualitätsschwierigkeiten zu erkennen, um selbst auch frühzeitig gegensteuern zu können.

Darüber hinaus ist die Informationsplattform so aufzubauen, dass es für die Projektbeteiligten möglich ist, die Informationen auch außerhalb der durch die Struktur vorgegebenen Denkrahmen unter anderen Suchkriterien zu finden. Damit ist eine intuitive Suche gemeint, die Voraussetzung für kreative Prozesse ist und niemanden ausschließt, der sich nicht erst mit der vorgegebenen Struktur auseinandersetzen möchte. Die vorgegebene Struktur vermag einen statischen Überblick zu den vorhandenen Daten und Informationen zu gewährleisten, nicht aber alle später relevanten Vernetzungen aufzuzeigen.

6.7.2.4 Kommunikation in der Vollstruktur und Vernetzung der Informationen

Passend zu einer barrierefreien und transparenten Zurverfügungstellung von Informationen müssen diese Informationen auch durch alle Projektpartner validiert werden können. Dies geschieht spontan und im Rahmen der Vollstruktur und durch aktive Vernetzung der Information (siehe Abb. 6.11 – nächstes Element). Auf diese Weise sind alle Projektpartner wirklich eingebunden und es entsteht durch die völlig transparente Informationspolitik Vertrauen. Zudem trägt der schnelle Zugang zu allen Projektinformationen dazu bei, dass bei Fehlern, Konflikten und Risiken schnell und gemeinsam innovative Lösungen gefunden werden können. Hierzu ist es erforderlich, dass neue Informationen oder die in einen neuen Rahmen gesetzten Informationen mit den Projektpartnern, für die diese Informationen besonders interessant sind, oder die in diesen Bereichen Expertise haben, besprochen werden. Informationsmanagement in der Ganzheitlichen Projektabwicklung bedeutet damit auch, dass Informationen aktiv mit allen geteilt und damit vernetzt werden. Dies ist bedeutsam, weil selbst kleineste Änderungen am Bauprojekt sei es in der Planung oder Ausführung Auswirkungen haben, die alle Betroffenen kennen müssen.

6.7.3 Verantwortliches und lebendiges Informationsmanagement als Führungsaufgabe

Wenn alle projektrelevanten Informationen allen Partnern transparent und barrierefrei zur Verfügung stehen, ist dies eine notwendige Voraussetzung für eine gelingende Partnerschaft, weil eine Teilhabe und eigene verantwortliche Entscheidungen für alle Beteiligten möglich sind. Dies bedarf eines lebendigen Umgangs mit den Informationen, die gesammelt, vernetzt, neu gewonnen, neu bewertet und ergänzt werden. Daher ist ein weiteres wesentliches Element des ganzheitlichen Informationsmanagements ein verantwortliches und lebendiges Informationsmanagement als Führungsaufgabe (siehe Abb. 6.11).

Das Bewusstsein für einen aktiven Austausch von Informationen und den verantwortlichen Umgang damit muss von der Projektführung bei den Projektpartnern geweckt und immer wieder durch Impulse lebendig gehalten werden.

Ganzheitliches Informationsmanagement bedeutet, dass die Projektleitung nicht Verwalter der Informationen ist und ihre Macht mit dem Handel von Informationen bestärkt. In herkömmlichen Projektabwicklungen und vielen Führungssituationen gilt das Motto: „Wissen ist Macht". Mit dem Handel von Informationen entstehen steile Hierarchien. Diejenigen die „eingeweiht" sind und Handlungsspielräume kennen und die anderen, die „dumm gehalten" werden. Wer keinen Zugang zu Informationen bekommt, kann auch keine Verantwortung übernehmen. Wer uneingeschränkten Zugang zu den Projektinformationen hat, kann verantwortungsvoll mitgestalten.

Die Projektführung ist in der Rolle des Unterstützers dieser transparenten und barrierefreien Echtzeit- Informationsstrategie. Das Gelingen des Projekts hängt entscheidend von der Qualität des Informationsmanagements ab.

Für die Projektführung bedeutet dies, dass sie auch dafür sorgt, dass alle Informationen rechtzeitig zur Verfügung stehen und umgekehrt Informationen aktiv einfordert. Dies betrifft alle Informationen zum Projekt, insbesondere Pläne genauso wie zu bestellende Geräte, Lieferketteninformationen bis hin zu sich ändernden öffentlich-rechtlichen Vorschriften. Die Informationsgewinnung erfolgt dezentral: Jeder Partner, der Informationsbedarf erkennt, ist dafür verantwortlich, dass die erforderlichen Informationen beschafft werden und schließlich auf der Informationsplattform allen Projektpartnern zur Verfügung gestellt werden.

Weiterhin unterstützt die Gesamt-Projektführung die Projektpartner durch Impulse und Fragen dabei, alle Informationen, die sie für ihre Aufgaben benötigen, zu bekommen und einen lebendigen Austausch im Sinne einer aktiven und rekursiven Vernetzung zu betreiben. Dabei achtet die Projektführung darauf, dass die Vernetzung und der Austausch stets mit dem Fokus auf das Wohl des Projekts und im Sinne einer nachhaltigen Entwicklung betrieben wird. Damit ist ein sinnvoller Informationsmanagementprozess gewährleistet, der allen Projektpartnern und vor allem dem Projekt dient.

Dazu ist es erforderlich, dass eine Kultur des Teilens und Unterstützens im Projekt gelebt wird. So muss sich nicht etwa der kleine Handwerker im Zusammenhang mit seiner Prüfpflicht um Detailfragen kümmern, die er ggf. nicht selbst überblickt und deshalb vorsichtshalber Bedenken anmeldet. Er wird entlastet von einem verantwortlichen Informationssystem, indem er seinen Bedenkenimpuls an die Projektführung gibt, die diesen Impuls als wertvollen Hinweis auch im Sinne der Qualitätskontrolle erkennt und dann die konkrete Fragestellung im Netzwerk der Projektpartner beantworten lässt. Auf diese Weise geht es nun nicht um die Zuweisung von Schuld, sondern um die Klärung offener Fragen und die Einholung wichtiger Informationen, ganz angstfrei und immer mit Blick auf die bestmögliche Umsetzung des Projekts. Dies geht digital wie auch persönlich auf der Baustelle.

Ein verantwortliches und transparentes Echtzeit-Informationswesen ist Grundvoraussetzung für eine partnerschaftliche, integrative und kollaborativer Zusammenarbeit im Projekt.

6.8 Gemeinsamer Lern- und Entwicklungsprozess

Die ganzheitliche Projektabwicklung ist ein gemeinsamer Schöpfungsprozess der Projektbeteiligten. Er gelingt umso besser, je mehr sich die Projektbeteiligten darauf einlassen, konstruktiv zu kommunizieren. Hierzu ist ein enormer Umkehrprozess erforderlich, bei dem die Beteiligten Denk- und Handlungsgewohnheiten ändern und sich insofern selbst neu erfinden müssen.[43] Dies ist ein stetiger Lern-

---

[43] Vgl. Scharmer, Otto, Essentials der Theorie U, Grundprinzipien und Anwendungen, S. 56 ff.

6.8 Gemeinsamer Lern- und Entwicklungsprozess

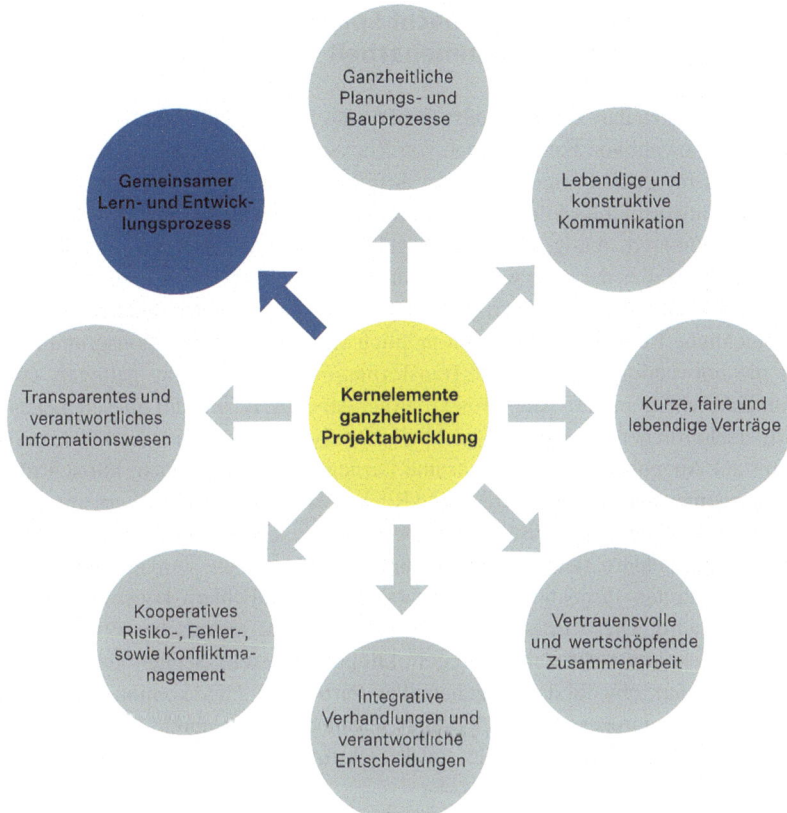

Abb. 6.12 Kernelement: Gemeinsamer Lern- und Entwicklungsprozess

prozess. Daher ist der gemeinsame Lern- und Entwicklungsprozess ebenfalls Kernelement der ganzheitlichen Projektabwicklung (s. Abb. 6.12).

Das Bauwerk ist materiegewordene Kommunikation. Je konstruktiver und integrativer, je verantwortlicher im ganzheitlichen Sinne diese gelingt, umso erfolgreicher wird das Projekt für alle Beteiligten sein. Alle Projektbeteiligten lassen sich ganz bewusst auf einen gemeinsamen Lern- und Entwicklungsprozess ein. Es kommt auf jeden einzelnen Partner und seine Lern- und Entwicklungsbereitschaft an, damit aus einer angstbesetzten und kriegerischen eine partnerschaftliche, integrative und kollaborative Kultur der Projektabwicklung wird. Dies ist ein hoher Anspruch.

6.8.1 Gemeinsam Lernen macht Spaß und trainiert kollaborative Zusammenarbeit

Allen Beteiligten darf klar sein, dass dieser neue Weg der kollaborativen Zusammenarbeit sowohl von Fort- als auch von Rückschritten gesäumt sein wird. Dies ist typisch für jeden Lernprozess. Wer aufgibt, hat bereits verloren. Wenn aber jeder verantwortlich im Sinne seiner Rolle und der von ihm vertretenen Interessen kommuniziert, mutig und neugierig darauf, wohin genau die gemeinsame Reise geht, ist dies der erste wichtige Schritt. Wird dieser Schritt in dem Wissen getan, dass auf jeden Fall wertvolle Lernerfahrungen gewonnen und persönliche wie fachliche Entwicklungschancen möglich sind, ist die Motivationsgrundlage für die notwendige menschliche Transformation sowie für eine gelingen Zusammenarbeit gebildet. Alle Projektpartner sind in Bezug auf diesen neuen partnerschaftlichen, integrativen und kollaborativen Denkrahmen Lernende und damit auf Augenhöhe. Das gemeinsame Lernen darf Spaß machen. Fortschritte können gemeinsam gefeiert werden und Rückschritte können in der Lernsituation leichter verziehen werden. So kommt es automatisch zu einem sachgerechteren Umgang mit Fehlern, denn auf einer nicht technischen Ebene wird erfahren, dass in der konkreten Projektabwicklung tatsächlich mit Fehlern konstruktiv umgegangen wird. Diese Erfahrung kann sich dann auf technischer Ebene fortsetzen. Diese konstruktiven Spielregeln klingen utopisch? Schnell kommt ggf. Widerstand auf, obwohl das Vorgehen allen Partnern zu Gute kommt. Daher bedürfen die Lernprozesse der individuellen Unterstützung durch gelassene Impulsgeber aus den Reihen der Gesamt-Projektführung oder der projektinternen Mediatoren.

6.8.2 Die Rolle der Gesamt- Projektführung in den Lernprozessen

Wer lernt, der macht auch „Fehler", er lernt dazu und macht es besser. Innovationen kommen genau auf diesem Wege zustande. Diesen chancenbasierten Denkrahmen können vermutlich nicht alle Projektpartner durchgängig für sich finden oder bei anderen akzeptieren. Daher wird der hier erforderliche kollaborations- und innovationsfreundliche Denkrahmen in allererster Linie von der ganzheitlich arbeitenden Projektführung immer wieder aktualisiert, und zwar in allen Bereichen der Ganzheitlichen Projektabwicklung, unterstützt von den projektinternen Mediatoren. Beide, die Gesamt-Projektführung wie auch die projektinternen Mediatoren sind in ihrem Denken und Handeln Vorbilder für den neuen partnerschaftlichen, integrativen und kollaborativen Denkrahmen. Sie besitzen die Vorbildrolle und haben die Aufgabe, den Projektbeteiligten situativ oder auch obligatorisch durch geplante Feedback-Gespräche oder Retrospektiven etwaige Verbesserungsmöglichkeiten in ihrem Denken und Handeln bewusst zu machen. Weitere Elemente des Lernens können auch Hintergrundanalysen oder etwa die Technik der 5-W-Fragen sein. Damit der Lernprozess transparent nachvollzogen werden kann, fließen u. a. Erkenntnisse in weiterentwickelte Regeln der Zusammenarbeit ein. Das eben skizzierte Lernen funktioniert nur, wenn der gemeinsame Weg von allen Beteiligten der Projektabwicklung als Lernprozess begriffen wird. Andernfalls würden die eben bezeichneten Maßnahmen als Kontrolle oder Übergriffigkeit verstanden werden. Für die Etablierung und Aufrechterhaltung eines positiven Denkrahmens im Sinne der positiven Psychologie und eines lebenslangen Lernens auch im Bereich der Softskills, sind sowohl die Gesamt-Projektführung als auch die projektinterne Mediatoren Vorbilder und Impulsgeber.

6.8.3 Der mediative Schlüssel zum Lernerfolg

Ein wesentlicher Schlüssel zum Erfolg des gemeinsamen Lern- und Entwicklungsprozesses ist die mediative Begleitung. Die projektinternen Mediatoren haben keine Projektverantwortung. Deshalb können sie auf menschlicher Ebene alle Projektbeteiligten gleichermaßen ansprechen. Sie sind neutral und allparteilich und haben das Wohl des Projekts im Blick. Damit können sie immer wieder ein lernförderliches Klima schaffen und etwaige Widerstände mediativ hinterfragen und dadurch nutzbar machen. Retrospektiven und Feedbacks werden empathisch und mit Blick auf das Wohl des Projekts moderiert, sodass sich alle Projektbeteiligten auf Augenhöhe als Lernende begreifen, also auch die Projektführung selbst.

Die Ganzheitliche Projektabwicklung ist ein Lern- und Entwicklungsprozess. Alle lernen dazu und entwickeln sich weiter, im Sinne des für die nachhaltige Entwicklung notwendigen Transformationsprozesses. Es geht um mehr Bewusstsein für eine konsequent partnerschaftliche, integrative und kollaborative Projektabwicklung.

6.9 Zusammenfassung Konzept der Ganzheitlichen Projektabwicklung

Die acht Kernelemente des Konzepts der Ganzheitlichen Projektentwicklung
1. Ganzheitliche Planungs- und Bauprozesse.
2. Lebendige und konstruktive Kommunikation.
3. Kurze, faire und lebendige Verträge.
4. Vertrauensvolle und wertschöpfende Zusammenarbeit.
5. Integrative Verhandlungen und verantwortliche Entscheidungen.
6. Kooperatives Risiko-, Fehler-, sowie Konfliktmanagement.
7. Transparentes und verantwortliches Informationswesen.
8. Gemeinsamer Lern- und Entwicklungsprozess.

Die konsequente Beachtung aller acht Kernelemente der Ganzheitlichen Projektabwicklung führt zur erwünschten Transformation der Projektabwicklung, die dann partnerschaftlich, kollaborativ und integrativ ist.

Literatur

AHO-Schriftenreihe Heft 37: Konfliktmanagement in der Bau- und Immobilienwirtschaft, Berlin, 2018
Bahnert/Heinrich/Johrendt, Planungsleistungen und Honorare mit BIM, Stuttgart, 2021
Bergmann, Ch., Prozesse entwerfen, Eine Strategie für die Zukunft des Bauens, Basel, 2019
Benning, J., Einsatz des Last Planner® Systems in der Planungskoordination beim Projekt St Martin Tower Frankfurt, https://www.glci.de/static/b6d7e0af6516bedcacd6914a3245c3b8/GLCI_FRA_RPG_2_Presentation_MSM.pdf
Bock, P., Der entstörte Mensch, München, 2020
M-N Däfler 2017 Das Passwort fürs Leben heißt Humor, 2 Aufl Wiesbaden https://doi.org/10.1007/978-3-658-17301-2
Däfler, M.-N., Das Passwort fürs Leben heißt Humor, 2. Aufl., Wiesbaden 2017
Diederichs/Malkwitz (Hrsg.), Bauwirtschaft und Baubetrieb, 3. Aufl. Wiesbaden, 2020
Eschenbruch, K., Projektmanagement und Projektsteuerung für die Immobilien und Bauwirtschaft, Hürth, 5. Auflage 2021
Eschenbruch/Leupertz (Hrsg.), BIM und Recht, Grundlagen für die Digitalisierung im Bauwesen, Hürth, 2. Auflage, 2019
Eschenbruch/Racky (Hrsg.) Partnering in der Bau- und Immobilienwirtschaft, Projektmanagement und Vertragsstandards in Deutschland, Stuttgart, 2008
Fisher/Ertel: Arbeitsbuch Verhandeln, Frankfurt a. M., 1997

Literatur

Fisher/Ury: Das Harvard-Konzept, Die unschlagbare Methode für beste Verhandlungsergebnisse, 25. durchges. Aufl. Frankfurt a. M., 2015.
Glasl, F. Konfliktmanagement, Ein Handbuch für Führung, Beratung und Mediation, 12 Aufl Stuttgart, 2020
Hagsheno, S. (Hrsg.): Lean Construction Methoden und Begriffe, www.glci.de
Hemmecke/Kronberger: Verhandlungskompetenzen trainieren, Göttingen, 2016
Ibrom, S., Die Rolle der Mediation in demokratischen Entscheidungsprozessen, Baden-Baden, 2015
Kapellmann/Langen/Berger, Einführung in die VOB/B Basiswissen für die Praxis, 28. Aufl., Hürth, 2020
Koeble/Zahn, Die neue HOAI 2021, Text und Erläuterungen, Hürth, 2021
Leinemann/Kues, BGB Bauvertragsrecht, Kommentar, München, 2. Aufl. 2021
Leupertz/Preussner/Sienz, Bauvertragsrecht Kommentar, 2. Auflage, München, 2020
N Luhmann 2000 Vertrauen, 4 Aufl Stuttgart
N Luhmann 2006 Organisation und Entscheidung, 2 Aufl Wiesbaden
Mosey, D. Collaborative Construction Procurement and Improved Value, Blackwell, 2019
Müller-Stewens, G., Die neuen Strategen, Stuttgart, 2019
Jack Nasher 2015 Deal, 11 Aufl München
Puckett, S., Der Code agiler Organisationen, Göttingen, 2020
M Reiss 2020 Komplexitätsmanagement Grundlagen und Anwendungen Stuttgart
M Rosenberg 2016 Gewaltfreie Kommunikation 12 Eine Sprache des Lebens Paderborn
von Rosenstiel, L., Grundlagen der Organisationspsychologie. Basiswissen und Anwendungshinweise. 5. Auflage. Stuttgart, 2003
Ruede-Wissmann, W., Satanische Verhandlungskunst und wie man sich dagegen wehrt, München, 2010
Scharmer, O., Essentials der Theorie U, Grundprinzipien und Anwendungen, Heidelberg, 2019
Seidel/Kupers (Hrsg.) Mediation und Kooperation in der Bau- und Immobilienbranche, Wie gute Zusammenarbeit gelingt, Fraunhofer IRB, 2020
Sindermann/Sonntag, Anti-Claim-Management, Baubetrieblich und baurechtlich optimierte Projektrealisierung, Hürth 2020,
Stollhoff/Reinighaus, VOB/B –Projekthandbuch für das Asset- und Gebäudemanagement, Fraunhofer IRB, 2020

Forschungsarbeiten

Habib, Mai, Alternative Ansätze für einen Paradigmenwechsel bei Planung und Ausführung von Infrastrukturprojekten in Deutschland, Diss., Kassel, 2020 https://kobra.uni-kassel.de/handle/123456789/11924
Paar. Lena, Handlungsempfehlungen für ein alternatives Abwicklungsmodell für Infrastrukturbauprojekte in Österreich unter Berücksichtigung einer frühen Implementierung des unternehmerseitigen Know-hows, Ma., Graz, 2018
Alternative Vertragsmodelle zum Einheitspreisvertrag für die Vergabe von Bauleistungen durch die öffentliche Hand, Forschungsprogramm Zukunft Bau, ein Forschungspro-

gramm des Bundesministeriums des Inneren, für Bau und Heimat, Aktenzeichen, 10.08.17.7–17.59, im Auftrag des Bundesinstituts für Bau-, Stadt- und Raumforschung (BBSR) im Bundesamt für Bauwesen und Raumordnung (BBR) bearbeitet von Dr. Wolfgang Breyer, Breyer, Prof. Dr. Antje Boldt, Prof. Dr.-Ing. Dipl.-Kfm. Shervin Haghsheno, 2021 https://www.bbsr.bund.de/BBSR/DE/forschung/programme/zb/Auftragsforschung/3Rahmenbedingungen/2017/vertragsmodelle/01-start.html
Konfliktkosten und Effizienzsteigerungsmaßnahmen, Österreichisches Forschungsprojekt: Projektnummer: 878150 1/20, ENDBERICHT, FFG Projektnummer 878150 FörderungsnehmerIn Österreichische Bautechnik VeranstaltungsGmbH, Bericht Nr. 2 Berichtszeitraum 09/2018– 10/2020, Bericht erstellt von Dipl.-Ing. Jörg Ehgartner, MBA; Dipl.-Ing. Michael Pauser
Kooperation BH-BA, Österreichisches Forschungsprojekt: FFG-Programm/Instrument: F&E-Projekt Basisprogramm V. 8–2013 ENDBERICHT FFG Projektnummer 839985 eCall Antragsnummer 3587642 Kurztitel Kooperation BH-BA FörderungsnehmerIn ÖBV GmbH Bericht Nr. 2 Berichtszeitraum 01.04.2013- 31.03.2014 Bericht erstellt von Bettina Bogner
Entwicklung von Musterverträgen für eine innovative Form der Arbeitsgemeinschaften zwischen mittelständischen Bauunternehmen und Planungsbeteiligten, zitiert als die Innovative ARGE, Forschungsinitiative Zukunft Bau, Forschungsprojekt Nr. F2735, bearbeitet von Dieter Jacob, Christoph Winter, Tobias Giese, erschienen 2009 by Fraunhofer IRB Verlag 2009
Reformkommission Bau von Großprojekten, Komplexität beherrschen – kostengerecht, termintreu und effizient, Hrsg.: Bundesministerium für Verkehr und digitale Infrastruktur (Hrsg.) Endbericht, 2020, https://www.bbsr.bund.de/BBSR/DE/forschung/programme/zb/Auftragsforschung/3Rahmenbedingungen/2017/vertragsmodelle/01-start.html

Leitfäden

Leitfaden Grossprojekte, Bundesministerium für Verkehr und digitale Infrastruktur, 2018, https://www.bmvi.de/SharedDocs/DE/Publikationen/G/leitfaden-grossprojekte.html
Lean Construction, Begriffe und Methoden, Hrsg.: German Lean Construction Institute, GLCI e.V., Redaktion: Prof. Dr. Shervin Hagsheno https://www.glci.de/static/48970b6 5f7187c9d441b2a1cd8339502/GLCI-Lean-Construction-Begriffe-und-Methoden.pdf
Last Planner® 5 + 1 wichtige und kooperative Gespräche für eine zuverlässige Planungs- und Bauausführung, Alan Mossman Übersetzt von: Dr. Claus Nesensohn Gründer und CEO der Refine Projects AG Mai 2016
INTEGRIERTE PROJEKTABWICKLUNG, Ein Leitfaden für Führungskräfte, Deutsche Übersetzung von Frau Prof. Dr. Antje Boldt, 2020 https://www.glci.de/static/43c973db8 b492b418f2a4bbd5d8e1a27/IPA-Handlungsleitfaden-2020-einseitiger-Druck.pdf

Die Etablierung des Konzepts der Ganzheitlichen Projektabwicklung und ihre Vorteile

7

> **Zusammenfassung**
>
> Die konsequente Anwendung des Konzepts der Ganzheitlichen Projektabwicklung führt zur Vermeidung kostentreibender Konflikte und zur Erzielung nachhaltiger Wertschöpfung für alle Projektbeteiligten. Das Konzept der Ganzheitlichen Projektabwicklung ist für jede Projektgröße geeignet. Ihre Kernelemente sind skalierbar.

Wird das Konzept der Ganzheitlichen Projektabwicklung branchenweit angewendet, etwa weil es von der öffentlichen Hand als Ausschreibungsgrundlage verlangt wird, so entsteht automatisch die neue partnerschaftliche Kultur der Projektabwicklung, denn die kritische Masse von mehr als 60 % der Bauvorhaben wäre damit erreicht.

Typischerweise ist Bauherren ein Anliegen, durch die Projektabwicklung nachhaltig Wert zu schöpfen und Werke budget- und termingerecht zu erhalten, die ihren Qualitätsansprüchen entsprechen.

Die konsequente Beachtung der acht Kernelemente der Ganzheitlichen Projektabwicklung führt zu einer konzentrierten und erfolgreichen Zusammenarbeit aller Projektpartner im Sinne von „Best fpr Project". Misstrauen als Grundlage vieler Konflikte wird zurückgedrängt. Vertrauen und ehrliche, unterstützende Zusammenarbeit wird zur Projektkultur. Unnötiger Dauerstress wird vermieden und nachhaltige Wertschöpfung erlebbar. Eine Kultur des Vertrauens und der Unterstützung entsteht in jedem einzelnen Projekt, das nach dem Konzept der Ganzheitlichen Projektabwicklung arbeitet und allmählich wird die Kultur in die Branche getragen und zu einem neuen Erleben der Zusammenarbeit in der Projektabwicklung. Dies ist ein stetiger achtsamer Lernprozess aller Beteiligter, die sich mit Respekt und Wertschätzung begegnen. Das ist die notwendige Transformation des menschlichen Aspekts in der Projektabwicklung.

Alles nur ein Traum?! Sozialromantik?! Die Wirklichkeit sieht doch ganz anders aus!?

Es ist nun mal so, dass Krieg und Misstrauen herrscht in der herkömmlichen Projektabwicklung. Die großen Projekte leisten sich IPA, wo in die Partnerschaft investiert wird. 96 % aller anderen Projekte sind den Kräften des durch unfaire Verträge beherrschten Marktes ausgeliefert wo es eben gerade nicht partnerschaftlich zugeht. Branchenweites Misstrauen, hervorgerufen durch unfaire Verträge und auch als natürliche Folge der öffentlichen Ausschreibungen/des Wettbewerbsrechts ist die überwiegende Grundlage der Geschäfts-Beziehungen in der herkömmlichen Projektabwicklung. Die meisten Beteiligten wünschen sich Frieden und Vertrauen. Die Branche ist jedoch bereits wegen des Overloads an Misstrauen und Konflikten in ihren negativen Mustern erstarrt. Die Beteiligten, Planer, Unternehmen, Bauherren, ja die ganze Branche steckt fest in ihrem Teufelskreis aus Misstrauen und Konflikten und erkennt nicht, dass es eine Wahl gibt. Dass es nicht so ablaufen muss wie bisher. Jeder Tag, an dem die herkömmliche Projektabwicklung gelebt wird, ist ein verschwendeter Tag.

Die herkömmliche Projektabwicklung ist weniger produktiv, kostenintensiver und wesentliche risikoreicher als eine partnerschaftliche, kollaborative und integrative Projektabwicklung. Das Zeigen uns die vielen positiven Erfahrungen aus anderen Ländern. Weshalb wird dennoch daran festgehalten? Es liegt nicht am Wollen, sondern am Können, mithin an der Frage des Wies. Nur der Blick von außen konnte die Zusammenhänge aufdecken und Wege aufzeigen, was gebraucht wird, um die Projektabwicklung zu einem wertschöpfenden kooperativen Miteinander zu Transformieren. Werden die acht Kernelemente des Konzepts der Ganzheitlichen Projektabwicklung konsequent beachtet, ist die erforderliche Transformation der Projektabwicklung möglich. Dann macht Projektabwicklung wieder Spaß und kommt ihrer Funktion als Wertschöpfungsprozess nach. Aus positiver und konstruktiver Kommunikation werden wunderbare Bauwerke, bei denen kein Partner ohne Not auf der Strecke bleibt.

Die strategischen Grundsätze der Ganzheitlichen Projektabwicklung wie sie in Abb. 7.1. dargestellt sind, müssen konsequent während der gesamten Projektabwicklung bewusst erfahren und gelebt werden, damit der Kulturwandel vollzogen wird. Hierzu bedarf es der achtsamen Unterstützung durch die Gesamt-

7 Die Etablierung des Konzepts der Ganzheitlichen Projektabwicklung und ... 173

Abb. 7.1 Die Strategischen Grundsätze der Ganzheitlichen Projektabwicklung

Projektführung und die projektinternen Mediatoren. Die Anwendung und Weiterentwicklung dieses Konzepts ist in jedem neu aufzusetzenden Projekt egal wie groß oder klein es sein mag, möglich. Es ist ein universeller Ansatz, der eine möglichst große Nutzerzahl erreichen möchte, denn der notwendige Kulturwandel in der Projektabwicklung ist nur möglich, wenn sich die „kritische Masse" der Baubranche anders verhält als bisher. Die öffentliche Hand mit ihrer Vorbildfunktion und Verantwortung für Steuergelder ist hier der erste Adressat, die Grundsätze der Ganzheitlichen Projektabwicklung zu fordern und vorzuschreiben. Nicht nur in IPA-Großprojekten soll kooperiert werden, sondern der Weg der partnerschaftlichen Wertschöpfung muss für alle Projekte geöffnet werden. Statt komplizierter IPA-Verträge sind die acht Kernelemente der Ganzheitlichen Projektabwicklung ein erfolgversprechender und sofort praktikabler Weg skalierbar für alle Projekte.

7.1 Wie wird aus den acht Kernelementen eine Ganzheitliche Projektabwicklung?

Alle acht Kernelemente greifen sinnvoll ineinander und sind zusammen die Bestandteile Ganzheitlicher Projektabwicklung. Es gibt immer eine ganzheitliche Gesamt-Projektführung und projektinterne Mediatoren. Wie weit die einzelnen Kernelemente ausdifferenziert sind, hängt von der Größe und der Komplexität des jeweiligen Projekts ab. Im Rahmen der Begin-of-Life-Phase des Projekts, also noch im Vorfeld des Projektstarts, wird die passende ganzheitliche Projektarchitektur festgelegt, indem alle acht ganzheitlichen Kernelemente in ihrem Wesen ähnlich einem Samenkorn fest verankert sind. Auf etwaige diesen Kernelementen abträgliche herkömmliche Vorgehensweisen wird ausdrücklich und bewusst verzichtet. Der Ein- bzw. Umstieg auf eine Ganzheitliche Projektabwicklung ist daher einfach. Es werden keine komplexen Vertragswerke etc. benötigt. Mit der Festlegung der acht Kernelemente beginnt das Leben der ganzheitlichen Projektabwicklung. Anschließend werden diese Kernelemente ausdifferenziert und im Diskurs aller Beteiligter unterstützt durch die ganzheitlich arbeitende Projektführung sowie die projektinternen Mediatoren immer wieder bewusst gemacht. Damit handelt es sich bei dem Konzept der Ganzheitlichen Projektabwicklung um ein lebendiges System, das sich bedarfsgerecht entfaltet, wächst und sich anpassen kann. Es ist daher für jede Projektgröße geeignet.

7.2 Der Transformationsprozess

Die Etablierung einer durchgängig integrativen, kollaborativen und partnerschaftlichen Projektorganisation und -kultur ist abhängig von der Akzeptanz der Bau- und Immobilienbranche, insbesondere der Auftraggeber sowie der planenden und ausführenden Unternehmen.

7.2.1 Alles beginnt mit dem Bauherrn

Die Notwendigkeit der Transformation der herkömmlichen Projektabwicklung zu echter Partnerschaft und Kollaboration ohne Tricks und zu einem wertschätzenden und fairen Umgang bis hin zu einer gelebten nachhaltigen Entwicklung der Bau- und Immobilienprojekte wurde umfassend aufgezeigt. Das Konzept der Ganzheitlichen Projektabwicklung unterstützt auf verschiedenen Ebenen die Projektpartner, fair und wertschöpfend zusammenzuarbeiten und Konflikte konsensual zu lösen.

Der Transformationsprozess kann grundsätzlich aus allen Richtungen betrieben werden. Aktuell hat sich die Branche ergeben und ist im System der herkömmlichen, risikobehafteten und unwirtschaftlich arbeitenden Projektabwicklung gefangen. Gegenseitiges Misstrauen zwingt alle Beteiligten dazu nach den alten Spielregeln zu agieren und über den Weg der Konflikte und Drohstrategien das zu bekommen, was sie am Verhandlungstisch nicht bekommen haben oder zum Zeitpunkt der Vergabe noch nicht gefordert haben, um überhaupt den Auftrag zu erhalten.

Solange das Vergabeverhalten der öffentlichen Hand und auch privater Auftraggeber so abläuft, dass dem jeweils günstigsten Angebot der Zuschlag zu erteilen ist, bleibt die Branche in dem Misstrauens- und Konfliktkreislauf gefangen.

Die Transformation beginnt daher mit den Initiatoren des Projekts, den Bauherren, die die Grundsätze des Konzepts der Ganzheitlichen Projektabwicklung als Grundlage der Projektabwicklung voraussetzen und dies zur Bedingung der Ausschreibung machen.

Nur die Bauherren/Auftraggeber können bestimmen, wie die Projektabwicklung abzulaufen hat und welche Verträge geschlossen werden, dass eine Gesamt-Projektführung sowie projektinterne Mediatoren eingesetzt werden. Kurz gesagt: Bauherrn bzw. Auftraggeber können die acht Kernelemente der Ganzheitlichen Projektabwicklung als Bedingung vorgeben, denn sie initiieren das Projekt.

7.2.2 Der Weg der Transformation

Neben den formellen Vorgaben, dass ein Bauvorhaben auf der Grundlage der Ganzheitlichen Projektabwicklung ablaufen soll, muss die Verhaltensänderung der beteiligten Projektpartner angeregt werden. Weg von einem Gegeneinander – hin zu Vertrauen und Wertschöpfung. Der Transformationsprozess betrifft umfassende Verhaltensänderungen und sollte auf der Grundlage der Erkenntnisse des Verhaltensforschers Konrad Lorenz am besten beim Bauherren beginnend wie folgt ablaufen:

- Denken/Erkennen: Unternehmensstrategen und Budgetverantwortliche erkennen, dass das Konzept der Ganzheitlichen Projektabwicklung risikoärmer und wertschöpfender ist als die herkömmliche Projektabwicklung. Ebenso kann der Wunsch nach Ganzheitlicher Projektabwicklung aus den Reihen von mittleren oder unteren Führungsebenen kommen, ebenso wie aus der Mitarbeiterschaft, die sich nach einer sinnhaften und partnerschaftlichen Zusammenarbeit sehnen.
- Sagen: Das Unternehmen des Auftraggebers/der öffentliche oder private Bauherr kommuniziert den Gedanken, künftig Projektabwicklungen auf der Basis des Konzepts der Ganzheitlichen Projektabwicklung durchführen zu wollen zunächst innerhalb seiner eigenen Organisation.
- Verstehen: Alle, die es betrifft, werden mitgenommen, diesen Weg kennenzulernen und sich dazu zu äußern. Ein Verstehensprozess wird in Gang gesetzt, bei dem sachliche und persönliche sowie Themen der Umsetzung so bearbeitet werden, dass ein Gesamtverständnis von der Ganzheitlichen Projektabwicklung erarbeitet wird, im Unternehmen des Bauherrn, ggf. gemeinsam mit seinem Projektsteuerer. Hierzu sind auch Onlineforen und Onlineschulungen einsetzbar.
- Konsens: Auf der Basis des Verstehensprozesses wird in der Bauherrenorganisation ein Konsens über den Weg der Transformation und den Einsatz des Konzepts der Ganzheitlichen Projektabwicklung unter konsequenter Abschaffung der herkömmlichen Projektabwicklung erarbeitet.
- Umsetzung: Das erste neue Projekt steht an und das Konzept der Ganzheitlichen Projektabwicklung wird erstmal eingesetzt. Hierzu ist viel Aufwand erforderlich. Alles neu: Eine Gesamt-Projektführung wird etabliert. Kurze Rahmenverträge sind zu gestalten. Projektinterne Mediatoren sind zu finden. Die Partnerwahl hat nach ganzheitlichen kooperativen Gesichtspunkten zu erfolgen, ein gemeinsames Risikomanagement ebenso wie ein Echtzeitinformationsmanagement sind aufsetzen, etc. Die Ganzheitliche Projektabwicklung wird umgesetzt alle sind nun auf dem neuen Weg.
- Beibehalten: Alles im Alltag der Projektabwicklung wird für die Projektpartner nun ungewohnt sein. Neben Euphorie über den neuen wertschöpfenden, partnerschaftlichen Weg wird es auch Skepsis, Rückfälle, Fehler und Widerstand geben. Umso wichtiger ist die Gesamt-Projektführung und die Unterstützung des Wegs der Ganzheitlichen Projektabwicklung durch den Bauherrn. Immer wieder auf den Weg der Ganzheitlichen Projektabwicklung zurückfinden, auch wenn es schwierig wird, ist ein Lernprozess für alle Beteiligten. Dieser wird unterstützt von den projektinternen Mediatoren. Sind die ersten drei Projekte erfolgreich, partnerschaftlich und wertschöpfend für den Bauherrn abgelaufen, wird sich allmählich eine Routine einstellen und er kann seine Version der Ganzheitlichen Projektabwicklung genau definieren und stetig weiterentwickeln.

Alle Führungsebenen sind für ihren Bereich in der Verantwortung, neue ganzheitliche Projektkultur gemeinsam zu definieren, lebendig zu halten und auch in schwierigen Situationen zu verteidigen. Optimal aus wirtschaftlicher Sicht ist die Projektkultur aufgesetzt, wenn sie den Anforderungen der Philosophie des ganzheitlichen und verantwortlichen Denkens und Handelns auf Augenhöhe entspricht.[1] Von der richtigen Führung und den damit betrauten Personen hängt das Gelingen des Transformationsprozesses in der Projektabwicklung ab. Hier sind Prozesse und Kommunikationswege wie auch Beziehungen aktiv zu gestalten sowie Rollen neu zu definieren. Der Bauherr ist hier Partner auf Augenhöhe und nicht Dirigent. Der Bauherr ist Initiator dieser neuen Welt der Ganzheitlichen Projektabwicklung, die auf Wertschätzung, Vertrauen und echter Partnerschaft fußt und zum nachhaltigen wirtschaftlichen Erfolg führt.

7.3 Die Einführung neuer Rollen und Verantwortlichkeiten

7.3.1 Die Rolle der Gesamt-Projektführung

Rollenskript: Die Rolle der Gesamt- Projektführung muss mit den speziellen Anforderungen an die Führungsaufgabe und der meditativen Haltung genau definiert werden. Es geht um eine konsequent achtsame, werteorientierte und ganzheitliche Führung.[2] Die Rolle der Gesamt-Projektführung muss alle acht Kernelemente der Ganzheitlichen Projektabwicklung kennen, anwenden und gegen Widerstand verteidigen können. Hier besteht eine besondere Herausforderung an alle Projektsteurer und Projektmanager, die ggf. diese Projektführungsaufgaben übernehmen.

Rollenskript die die Gesamt-Projektführung ist schriftlich genau festzuhalten

Rollenverantwortung: Die konkrete Ausfüllung der Rolle sollte durch eine Persönlichkeit besetzt sein, die Verantwortung für den Prozess der Ganzheitlichen Projektabwicklung übernehmen kann. Dies erfordert eine meditative und starke Persönlichkeit, die in der Lage ist, diese neue Haltung authentisch zu leben und das Bewusstsein für eine ganzheitliche Führungsstrategie besitzt und bis zum Abschluss des Projekts mit Geduld, Freundlichkeit und Wertschätzung auch bei den

---

[1] Hierzu ausführlich: *Pircher-Friedrich*, Mit Sinn zum nachhaltigen Erfolg, 2019.
[2] *Lange*, (Hrsg.) Werteorientierte Führung in Theorie und Praxis, 2021, S. 7 ff.

Projektbeteiligten aufrechterhält. Dies ist gerade jetzt in der Zeit des Umbruchs und der Veränderung eine vermutlich besonders herausfordernde Aufgabe.

Verantwortung für den Prozess der Ganzheitlichen Projektabwicklung übernehmen
Damit die ganzheitliche Projektkultur etabliert und durchgehalten werden kann, sind Workshops oder auch umfassende Schulungen der Gesamt-Projektleitung in ganzheitlicher Führungskompetenz als auch Schulungen aller anderen Führungsebenen erforderlich.

Im Grunde ist dieser Transformationsschritt zur Etablierung einer neuen Rolle in der Projektabwicklung vergleichbar mit dem Change- oder Transformationsprozess der bei Digitalisierungen vorgenommen wird, nur, dass es die Menschen selbst sind, die nun eine neue Denk- und Handlungsweise erlernen und in ihre Persönlichkeit integrieren sollen. Dies macht das Unterfangen weitaus schwieriger, denn der Mensch mag seine Gewohnheiten und ist ungern bereit, sich selbst auf den Wunsch Anderer hin zu verändern und sich auf unbekannte und neue Wege einzulassen, selbst wenn diese für ihn und alle anderen sehr sinnvoll sind. Wenn die Gesamt-Projektführung aber als gutes Vorbild vorangeht und es selbst schafft, sich im Sinne einer umfassend nachhaltigen und ganzheitlichen Projektabwicklung zu verändern, wird es auch allen anderen Beteiligten gelingen. Alte Wege müssen bewusst verlassen werden und neue gefunden werden.

7.3.2 Die Rolle der projektinternen Mediatoren

In der konventionellen Projektabwicklung gibt es meist keine projektinternen Mediatoren. Daher ist diese Rolle im Rahmen der Organisation einer Ganzheitlichen Projektabwicklung zu definieren. Auch hier sind Rollenskripte zu verfassen, die die Aufgaben, den Umfang, Pflichten, bis hin zur Erreichbarkeit der projektinternen Mediatoren klar festlegen. Darüber hinaus ist die Rollenverantwortung zu beschreiben. So ist festzuhalten, welche Qualifikation die Mediatoren besitzen müssen, wem sie gegenüber verantwortlich sind. Ob und welche Art von Berichts genau zu beschreiben, welche Verantwortung den Mediatoren im Rahmen ihrer Aufgabenerfüllung zukommt, z. B. Thema Verschwiegenheit, Informationspflichten etc.

Die Rollenskripte und Rollenverantwortungen sind sowohl für die Gesamt-Projektführung als auch für die projektinternen Mediatoren sowie für alle anderen wesentlichen Rollen und Aufgaben im Informationssystem des Projekts transparent zu hinterlegen.

7.4 Widerstand gegen die Veränderung

Bei jeder Veränderung kommt es zu Widerstand der beteiligten Personen. Dies ist ganz unabhängig davon wie gut der vorgeschlagene neue Weg ist. Er wird abgelehnt und kritisch hinterfragt, nur weil er neu ist und damit vorhandene alte und oft schematische Denkstrukturen nicht mehr genutzt werden können. Das gefällt dem Autonomen Nervensystem nicht. Gewohnte Wege werden verlassen, das bedeutet immer erst einmal Unsicherheit, vielleicht auch Gefahr und damit auf jeden Fall Stress. Widerstand ist also die natürliche Reaktion auf Veränderung, auch wenn diese zum Wohle der Betroffenen ist, denn das Gewohnte ist bekannt und das Neue unbekannt. Deshalb ist es für das Gehirn anstrengend, sich auf das Neue einzulassen. Vor allem wenn es darum geht, die bisherigen Denk- und Handlungsmuster zu verlassen. Dies bedeutet für das Gehirn im Grunde den Verlust von Kontrolle im Sinne psychologischer Sicherheit sowie des Selbstverständnisses. Die Welt steht also Kopf bei jeder grundlegenden Veränderung. Das schreckt ab und selbst wenn alles noch so überzeugend und gut klingt: Umlernen ist immer mit einem besonders hohen Energieaufwand verbunden, sodass auch hier zunächst Widerstand gegen die neue Form der Projektabwicklung als normale Reaktion zu erwarten ist. Das Transformieren im Bereich der Digitalisierung betrifft häufig das Aneignen von technischen Kompetenzen. Dies ist zwar ebenfalls ein Prozess, gegen den sich automatisch Widerstand regt, weswegen der oft auch technisch erzwungen wird. Die Veränderung aber des eigenen Mindsets kann – und sollte auch nicht – erzwungen werden. Der Widerstand gegen die Veränderung der eigenen Denk-, Kommunikations- und Handlungsstrategien ist daher bei den Projektbeteiligten als maximal einzustufen. Daher ist es erforderlich zu motivieren und auf die bevorstehenden Widerstände behutsam und wirksam einzugeben.

7.4.1 Wie kann zum Mitmachen motiviert werden?

Widerstände und Zweifel am neuen Weg sind grundsätzlich zunächst ernst zu nehmen und zu akzeptieren. Sie sind vorhanden und können nicht wegdiskutiert werden. Die Anwendung der Akzeptanz-Commitment-Therapie oder kurz ACT – Methode ist hier empfehlenswert. Diese basiert auf der Akzeptanz was ist und Verbundenheit mit den Gefühlen des Betroffenen. Es ist eine Methode vom Leiden zum Leben und dies passt genau für die Umsetzung der Transformation in der Projektabwicklung.

Veränderung und Transformation benötigen Mut. Dieser muss von Seiten der Unterstützer der Ganzheitlichen Projektabwicklung mitgebracht und auch den Beteiligten weitergeben werden. Daher ist nach der Akzeptanz des Widerstandes zu fragen, was die Beteiligten brauchen, um sich dem Konzept der Ganzheitlichen Projektabwicklung anschließen zu können. Es geht darum, die individuellen Bedürfnisse abzufragen und ausgehend davon Lösungen zu entwickeln, wie die Beteiligten motiviert werden können, an der Ganzheitlichen Projektabwicklung mit Engagement und Freude zu partizipieren. Vielleicht sind es Informationen, die fehlen, vielleicht fühlen sie sich nicht kompetent genug und haben Lernbedarf. Hier können ganz individuelle Lösungsangebote entwickelt werden, um die konkret Beteiligten umfassend in die Ganzheitliche Projektabwicklung zu integrieren. Da das achte Kernelement ohnehin das Thema Lernen betrifft, ist dieser Punkt auch bereits vorgesehen, was zur psychologischen Sicherheit der Partner beitragen kann.

Zudem können im Vorfeld des Einsatzes der Ganzheitlichen Projektabwicklung bereits Informationsveranstaltungen digital oder analog durchgeführt werden, die den zukünftig Beteiligten die Möglichkeiten aufzeigen, wie Planen und Bauen wieder mehr Freude macht und zudem nachhaltig wertschöpfend betrieben werden kann. Ähnlich wie bei der Einführung neuer Software – ist außerdem an umfassende Schulungen zu den acht Kernelementen der Ganzheitlichen Projektabwicklung zu denken, um auf die Veränderungen vorbereitet zu sein. Wie bei jeder anderen Werbekampagne kann so allmählich auch der Wunsch bei den Beteiligten selbst nach der gewünschten Veränderung entstehen und eine intrinsische Motivation mobilisiert Kräfte zur Unterstützung des Transformationsprozesses. Dieser bedarf auch der Geduld, Nachsicht und Umkehr bei Rückfällen etwa in gewohnte negative Kommunikationsmuster. Hierzu braucht es Mut und Geduld.

7.4.2 Bewusstmachung der Wohlfühlveränderung

Der große Unterschied zu vielen anderen Veränderungsprozessen, besteht darin, dass es sich hier um eine Wohlfühlveränderung für alle handelt.

Dieses Ziel, dass es bei der Einführung der Ganzheitlichen Projektabwicklung, darum geht, die Qualität der Zusammenarbeit wie auch die der Prozesse deutlich zu verbessern. Nachhaltige, konflikt- und risikoarme Wertschöpfung ist das Ziel der Ganzheitlichen Projektabwicklung. Der große Nebeneffekt ist, dass sich in einer konsequent partnerschaftlichen, integrativen und kollaborativen Projektabwicklung alle Partner wohler fühlen, weil sie mit Wertschätzung und Respekt auf Augenhöhe einbezogen werden. Das macht Spaß und gibt ein gutes Gefühl. Entspannung setzt ein. Anspannung kann für die Umsetzung der wichtigen Aufgaben eingesetzt werden. Kräfte werden nicht mehr verschwendet in sinnlosen Konflikten, sondern gebündelt und sinnvoll eingesetzt. Das macht zufrieden. Diese positiven Konsequenzen einer gut geführten Ganzheitlichen Projektabwicklung sind selbst ein wesentlicher Motor für die Veränderung. Widerstand löst sich auf, wenn das Wohlgefühl aller gefeiert wird und so den Stress der Veränderung deutlich übertrifft.

7.4.3 Einladung zur persönlichen Weiterentwicklung

Die Ganzheitliche Projektentwicklung führt die Partner zur Entwicklung und Kultivierung eines Gemeinschaftssinns, der eine persönliche Weiterentwicklung darstellt. Dieser ist gekennzeichnet durch:

Kennzeichen des Gemeinschaftssinns
Ganzheitlichkeit
- An und durch die Prinzipien der Ganzheitlichen Projektabwicklung persönlich wachsen
- Echtes Interesse an den Prozessen und Partnern entwickeln und aufrechterhalten
- Umfassendes integratives Denken alleine und miteinander
- Gegenseitige Unterstützung wird zum gemeinsamen Motto

Respekt
- Respekt vor den Anderen und vor sich selbst
- Rollenklarheit entwickeln und wertschätzend leben
- Sich als Impulsgeber für den Gemeinschaftssinn akzeptieren

Offenheit
- Mut, offen zu bleiben für Neuerungen, offen sein für das Andere, sich nicht gänzlich abzugrenzen und nicht einseitig zu definieren.
- Mut, offen, respektvoll und wertschätzend zu kommunizieren.
- Mut, Sinnbarrieren zu überwinden, die uns einschränken und eingrenzen.

Spannungstoleranz
- Aushaltenkönnen von Spannungen zwischen Selbstbild, Realbild und Idealbild
- Ertragenkönnen der Spannung zwischen der individuellen Persönlichkeit und dem sozialen

Umfeld
- Wertschätzung für die Prozesse und für die Partner des Projekts

Sinn
- Mehr Freude und Erfüllung durch eine ganzheitliche Projektabwicklung erleben
- Selbst zum Impulsgeber des Gemeinschaftssinns werden und Verantwortung für sich und die Projektpartner übernehmen
- Nachhaltige Wertschöpfung durch und in Projektabwicklungen fördern

Die Entwicklung eines Gemeinschaftssinns ist nur in der Interaktion mit einer Gemeinschaft möglich. Daher profitiert jeder Projektpartner von der Partizipation in einer gut geführten Ganzheitlichen Projektabwicklung. Wenn immer mehr Menschen einen solchen Gemeinschaftssinn entwickeln, wachsen sie persönlich und mit ihnen wird sich die Kultur des Bauens und Planens merklich und auf breiter Linie positiv verändern.

7.5 Vorteile der Ganzheitlichen Projektabwicklung für Bauherren

im Vergleich zur herkömmlichen Projektabwicklung führt die konsequente Anwendung des Konzepts der Ganzheitlichen Projektabwicklung zu

- Höherer und nachhaltigerer Wertschöpfung durch das Projekt,
- Kosteneinsparung
- Minimierung von Verschwendungen
- Reduzierung dysfunktionaler Konflikte
- Verbesserte Ergebnissteuerung
- Deutlich weniger Risiken hinsichtlich Kosten, Qualität und Termine.

Aus konstruktiver Kommunikation werden nachhaltige und wertvolle Bauwerke. **Die Vorteile für Bauherren im detaillierten Überblick:**

- Bedarfsorientierte Entwicklung der Projektziele
- Nutzung der Erfahrungs- und Wissensressourcen aller Partner durch frühzeitige Einbeziehung
- Vertrauensvolle Zusammenarbeit und gelingende Geschäftsbeziehungen

- Konfliktvermeidung durch kurze, faire und lebendige Verträge und projektinterne Mediation
- Reduktion des Kündigungsrisikos durch gute Zusammenarbeit und Einigungen zum etwaigem Wegfall von Leistungen
- Reduktion des Nachtragsrisikos durch gemeinsame Konkretisierung des Leistungssolls
- Marterialpreissteigerungen und Lieferengpässe werden gemeinsam beobachtet und können zu gemeinsamen vereinbarten Änderungen der Leistungen und innovativen Alternativlösungen führen
- Bauzeitennachträge entfallen, weil es keine Vertragstermine gibt und Bauzeitentermine zeitnah gemeinsam konkretisiert und fortgeschrieben werden.
- Termingerechtes Bauern durch die gegenseitige Unterstützung auf der Baustelle; etwaige Leerlaufzeiten werden kollaborativ durch anderweitige Bauabläufe tatsächlich optimal genutzt;
- Verbesserte Terminsicherheit durch optimale Prozesse im Wege der Kommunikation und des Lean Managements
- Verbesserte und nachhaltige Qualität des Bauwerks führt zur Wertschöpfung, weil alle Prozesse auf das Projektziel und dessen Werte hin ausgerichtet sind.
- Innovationen dienen dem Projektziel wie auch der Nachhaltigkeit
- Das gesamte Projektteam setzt sich gegenseitig unterstützend für das Projekt ein, womit die Qualität und die Bauzeit deutlich verbessert werden kann. Statt Schnittstellen kommt es zu Nahtstellen.
- Gesetzliche werkvertragliche Erfolgshaftung für die vereinbarten Leistungen durch die Auftragnehmer.
- Wertschöpfung durch das Projekt auch für die Gesellschaft und nachfolgende Generationen

7.6 Vorteile der ganzheitlichen Projektabwicklung für Auftragnehmer

55 % der Unternehmen in der Bau- und Immobilienbranche geben an, dass bereits heute der Fachkräftemangel ein Investitionshemmnis darstellt. Aufgrund der demografischen Entwicklung fehlt es überall an Nachwuchskräften. Um junge Menschen für die Branche zu gewinnen, ist es erforderlich, auf ihre Interessen und Bedürfnisse einzugehen. Niemand aus der Generation Z entscheidet sich heute gerne für ein Berufsfeld, das dauerhaft enorm konfliktbelastet ist und zu gesundheitlichen Schäden durch Dauerstress führt. Die wunderbaren Möglichkeiten der Digitalisierung wie BIM etc. funktionieren in der Praxis der herkömmlichen Projektabwicklung nicht, weil hier Misstrauen herrscht und sie Partner eben nicht kooperieren. Die di-

gitalen Instrumente sind aber auf Kooperation angewiesen. Die Branche stellt sich mit ihrer Misstrauenskultur selbst viele Beine. Dem muss mit Konsequenz begegnet werden und neue gute Wege aufgezeigt und beschritten werden.

Durch die Anwendung des Konzepts der Ganzheitlichen Projektabwicklung kann die ganze Branche wieder aufatmen, bewusst Wertschöpfen und wird für nachfolgende Generationen wieder attraktiv. Planen und Bauen kann dann auf breiter Linie wieder Spaß machen. Kommt die Branche dorthin, hat sie gute Aussichten, junge Menschen anzuziehen, die die Fachkräfte von morgen sein werden, denn das Bewusstsein für Nachhaltigkeit und Klimaschutz ist bei der jungen Generation präsent. Hier besteht grundsätzlich das Interesse, Klimaschutz etwa durch Gebäudetechnik und nachhaltige Bauweisen aktiv zu unterstützen und so einen eigenen Beitrag zur Nachhaltigkeit leisten. Das ist ein sinnhafter und positiver Ansatz, der aktuell leider nicht zur Motivation dient, sich im Bau- und Immobilienbereich als Fachkraft ausbilden zu lassen, weil eben die so konfliktbelastete Branche abschreckt. Zudem hinkt die Branche den Möglichkeiten der Digitalisierung hinterher, weil es an Kooperationswillen fehlt. Auch dies macht die Branche unattraktiv.

Die Vorteile des Konzepts der Ganzheitlichen Projektabwicklung für Auftragnehmer im Überblick
- Partnerschaft auf Augenhöhe durch faire Verträge und umfassende Integration aller Partner von Anfang an.
- Freude an der Arbeit, aufgrund eines rundum angenehmen Klimas der vertrauensvollen Zusammenarbeit in der Projektabwicklung.
- Die Umsetzung der Digitalisierung/BIM wird durch konsequentes Kooperieren und Vertrauen lebendig und barrierefrei möglich.
- Gemeinsames Ziel und Wir-Gefühl unter den Projektpartnern, aufgrund der ganzheitlichen Projektführung, so wird unkomplizierte gegenseitige Unterstützung selbstverständlich.
- Faire und marktgerechte Bezahlung, da diese auf dem Prinzip der Selbstkostenerstattung erfolgt. Auf diese Weise können auch Unterstützungsleistungen bei anderen Gewerken oder auch bei der Planung etc. unkompliziert abgerechnet werden.
- Deutliche Stressreduktion durch realistisches Terminmanagement durch Lean Construction und Fortschreibung der Termine, die keine Vertragstermine sind.
- Wirtschaftlichkeit des Auftrags, da das Materialpreisrisiko gemeinsam getragen wird, da im Rahmen der Kostenerstattung, der Auftraggeber zwar den ggf. gestiegenen Materialpreis zu zahlen hat, aber auch entscheiden kann, dass dann die Ausführung ggf. weggelassen oder anderweitig kompensiert wird.

7.6 Vorteile der ganzheitlichen Projektabwicklung für Auftragnehmer

- Weniger Änderungen und daher weniger unnötig bestellte Materialien.
- Keine Verluste und Haftungsrisiken aufgrund nicht getätigter schriftlicher Bedenken- und Behinderungsmeldungen.
- Gewährleistung und Haftung nach den gesetzlichen Vorschriften. Durch meditative Risiko- Fehler- und Konfliktbegleitung sowie durch auskömmliche Bezahlung werden diese Haftungsrisiken minimiert, da im Rahmen der ganzheitlichen Projektabwicklung mit konzentrierter Gelassenheit gearbeitet werden kann und dadurch schon weniger Fehler entstehen.
- Freude an einem erfolgreich abgewickelten Projekt, weil der Erfolg gefeiert und Leistung und das Engagement anerkannt sowie gewertschätzt wird, statt im Rahmen unzähliger Konfliktfelder unterzugehen oder im Wege des Feilschens um die Zahlung der Schlussrechnung schlecht geredet zu werden.
- Gute PR für nächste Aufträge, da Projektabwicklung reibungslos geklappt hat.
- Durch konsequent nachhaltiges Wertschöpfen, gesellschaftliche Verantwortung übernommen, dadurch etwas Sinnhaftes gemacht, das gibt Optimismus und gute PR für weitere Projekte dieser Art
- Gemeinsames Lernen führt zur persönlichen Weiterentwicklung
- Freude an der Arbeit zieht Fachkräftenachwuchs an.

Appell
Die konsequente Beachtung der Kernelemente der Ganzheitlichen Projektabwicklung führt nachhaltig zur Reduktion der Konfliktpotenziale und durch eine friedliche und sinngesteuerte Zusammenarbeit aller Beteiligten von Anfang an Kosten, Termine und Qualität zu optimieren und darüber hinaus Innovationschancen zu nutzen. Dies muss auch das Anliegen der öffentlichen Hand als Bauherr sein, denn verantwortliches Wirtschaften ist oberste Pflicht des Staates.

Wird das Konzept der Ganzheitlichen Projektabwicklung branchenweit angewendet, etwa weil es von der öffentlichen Hand als Ausschreibungsgrundlage verlangt wird, so entsteht automatisch die neue partnerschaftliche Kultur der Projektabwicklung, denn die kritische Masse von mehr als 60 % der Bauvorhaben wäre damit erreicht.

Die acht Kernelemente der Ganzheitlichen Projektentwicklung können in Projekten jeder Größe eingesetzt werden und führen, wenn sie auf breiter Basis gelebt werden, zu einem Kulturwandel in der Bau- und Immobilienbranche.

Der Staat als öffentlicher Bauherr ist in seiner Vorbildfunktion gefordert, die Transformation der Projektabwicklung zu fördern, indem er selbst damit beginnt, auch kleinere und mittlere Projekte partnerschaftlich abzuwickeln und hierfür branchenweit die Einhaltung der Grundsätze des Konzepts der Ganzheitlichen

Projektabwicklung vorschreibt und fordert. Dies würde zu einem deutlichen Transformationsschub führen und die Branche endlich wieder wirtschaftlich arbeiten lassen, bei zuverlässigen Ergebnissen im Rahmen sinnvoller Kosten- und Terminvorgaben.

Darüber hinaus sind selbstverständlich auf private Bauherrn angesprochen, der herkömmlichen Projektabwicklung bewusst den Rücken zu kehren und ab sofort Projekte auf der Grundlage des Konzepts der Ganzheitlichen Projektabwicklung zu betreiben. Es gibt hier bereits einige positive Beispiele. Das Konzept der Ganzheitlichen Projektabwicklung ist skalierbar.

Jedes Projekt, das ganzheitlich abgewickelt wird, zählt für den Transformationsprozess der Branche!

Literatur

Arnold, R., Wie man führt, ohne zu dominieren, 2. Aufl., Stuttgart, 2013
Enkelmann, N., Enkelmann C., Die große Macht der Motivation, Was Spitzenleistungen möglich macht, Linde, 2017
Eschenbruch, K., Projektmanagement und Projektsteuerung für die Immobilien- und Bauwirtschaft, 5. Aufl., Hürth, 2021
Glasl, F., Konfliktmanagement, 12.Aufl., Stuttgart, 2020
Hübler, M., Die Führungskraft als Mediator, Wiesbaden, 2020
Hünerberg/Mann (Hrsg.), Ganzheitliche Unternehmensführung in dynamischen Märkten, Wiesbaden, 2009
Ibrom, S., Die Rolle der Mediation in demokratischen Entscheidungsprozessen, Baden-Baden, 2015
Kreggenfeld, U., Erfolgreich systemisch verhandeln, 2.Aufl., Wiesbaden, 2021
Lange (Hrsg.), Werteorientierte Führung in Theorie und Praxis, Wiesbaden, 2021
Meiler, M., Emotionales Change-Management, Wiesbaden, 2020

The manufacturer's authorised representative in the EU is Springer Nature Customer Service Centre GmbH, Europaplatz 3, 69115 Heidelberg, Germany. If you have any concerns regarding our products, please contact ProductSafety@springernature.com

Printed and bound by CPI Group (UK) Ltd, Croydon, CR0 4YY

26/03/2026

02078943-0002